Dietmar Pohl
unter Mitarbeit von Carl Schulze

MESSER
IM KAMPFEINSATZ

WIELAND

Dietmar Pohl
unter Mitarbeit von Carl Schulze

Messer im Kampfeinsatz

1. Auflage, 2009

ISBN 978-3-938711-41-5

Wieland Verlag GmbH, Rosenheimer Straße 22, 83043 Bad Aibling
Telefon: 08061/38998-0, Fax: 08061/38998-20
Internet: www.wieland-verlag.com
E-mail: info@wieland-verlag.com

Fotos: Carl Schulze (alle Einsatzfotos, soweit nicht anders angegeben), Dietmar Pohl, Messer-Hersteller
Titelgestaltung: Caroline Wydeau
Gestaltung, Satz, Repro: Caroline Wydeau, Andreas Schleicher

Druck: Stürtz, Würzburg

Printed in Germany

EINFÜHRUNG

Auch im Zeitalter der modernen Kriegsführung bleibt das Messer beziehungsweise Bajonett als Ausrüstungsgegenstand für den Soldaten unverzichtbar, ob als Werkzeug oder Blankwaffe. Dieses Buch belegt das in anschaulicher Art und Weise. Über einen Zeitraum von rund zehn Jahren fotografierte Carl Schulze gezielt Messer, die im Kampfeinsatz von Soldaten auf dem Balkan, in Afghanistan und im Irak eingesetzt wurden.

Sehr schnell wird beim Betrachten der Bilder deutlich, dass die überwiegende Mehrzahl der Soldaten neben einem dienstlich gelieferten Messer oder Bajonett auch ein zweites, meist kleineres Messer bei sich führt, das auf die individuellen Bedürfnisse des Trägers abgestimmt ist. Oft ist das dienstlich gelieferte Messer für alltägliche Aufgaben einfach ungeeignet, da es von seiner Zweckbestimmung her zu stark auf den Kampfeinsatz ausgelegt ist. Die überwiegende Anzahl der im Einsatz befindlichen Messer wird vorwiegend als Arbeitsmesser genutzt, mit dem man eine Dose oder Verpackung öffnet oder andere handwerkliche Dinge mit verrichtet.

Beim Blick auf die verschiedenen Messer und deren Hersteller fällt auf, dass die meisten sich im unteren bis mittleren Preissegment bewegen. Das liegt zum einen daran, dass die meisten Soldaten sich diesen Ausrüstungsgegenstand von ihrem eigenen Sold kaufen müssen und hier der Wille zu größeren Investitionen einfach fehlt. Zum anderen befürchten viele Soldaten, dass ihr Messer im Einsatz verloren geht.

Auffällig ist auch, dass bestimmte Hersteller stärker vertreten sind als andere. Das hat unter anderem damit zu tun, dass Soldaten bestimmte Ausrüstungsgegenstände in den Einsatzländern in Militärshops vergünstigt einkaufen können. Wer mit seinem Sortiment in diesen Läden gut vertreten ist, macht auch das bessere Geschäft. Natürlich sind hier und dort auch immer wieder hochpreisige Messer anzutreffen, die von Messerenthusiasten geführt werden, wie zum Beispiel handgefertigte Messer von Randall Knives oder Vox Knives. Diese bilden aber eine relativ kleine Minderheit.

Gerne werben Hersteller von hochwertigen taktischen Einsatzmessern mit der Aussage, dass deren Messer sich im harten Kampfeinsatz gegen den Terror bewährt hätten und von vielen Angehörigen spezieller Einsatzverbände genutzt würden. Das konnte sowohl in Afghanistan als auch im Irak nicht bestätigt werden. Bei genauerer Betrachtung fällt zudem auf, dass neben dem Dienstgrad, der ja auch die Höhe der Besoldung widerspiegelt, offensichtlich auch ethnische und soziale Hintergründe die Wahl des Messers beeinflussen. Womit wieder einmal belegt ist, dass die Streitkräfte ein Spiegel der Gesellschaft sind.

Neben den gängigen Messertypen finden sich auch sehr spezielle Messer, die zum Teil nur eine einzige Funktion haben. Beispielhaft seien hier die winzigen Kappmesser genannt, die dazu dienen, sich oder einen Kameraden im Falle einer Verwundung möglichst schnell aus seiner Ausrüstung befreien zu können. Eine wahre Renaissance haben Äxte und Tomahawks erfahren, die zum Teil als Werkzeug zum Überwinden von Hindernissen genutzt werden, aber auch im Nahkampf eingesetzt werden.

Auch die Ansichten über den Einsatz von Bajonetten haben sich aufgrund von gewonnenen Einsatzerfahrungen grundlegend geändert. Während noch vor Jahren viele „Experten“ das Bajonett für ein überholtes Relikt aus der Zeit des Ersten Weltkrieges hielten, zeigt sich, dass auch heute – in Zeiten asymmetrischer Kriegsführung – das aufgepflanzte Bajonett im Nahkampf die einzige verbliebene Waffe für einen Soldaten sein kann. Zudem kann das Bajonett als verlängerter Arm des Soldaten beim Durchsuchen von Waffenverstecken nützlich sein, die womöglich mit Sprengfallen gesichert sind.

Die vorliegende Dokumentation ist insofern einzigartig, da es bislang noch keine Fotos zu diesem Thema gab. Sie wurden zum Teil unter Lebensgefahr geschossen. Die unterschiedliche Qualität der Einsatzbilder erklärt sich durch den gemischten Einsatz von konventioneller Fotografie auf Celluloid sowie moderner Digitalfotografie.

KLAPPMESSER

An einer Karte von Basra weist ein britischer Offizier der 7th Armoured Brigade „Desert Rats“ seinen irakischen Kameraden in den Patrouillenweg ein. Joint Patrols, also gemeinsame Patrouillen aus britischen und irakischen Soldaten, haben zum Ziel, das Vertrauen der Zivilbevölkerung in die Sicherheitskräfte zu vergrößern. Gleichzeitig dienen sie dazu, die Ausbildung der irakischen Soldaten zu verbessern und ihre Kommandeure dazu zu animieren, mehr Patrouillen durchzuführen. Das Bild enstand im Sommer 2008, als Zeiger dient dem britischen Offizier sein M16SF-Einhandmesser von CRKT.

Afghanistan: Dieser norwegische ISAF-Soldat aus dem Camp Invicta in Kabul trägt neben seiner Wiley-X-Schutzbrille einen auf dem lokalen Markt besorgten Shemag (Schal). An der Schulter trägt er seine persönliche Funk- und Sprechgarnitur, die über ein Kabel am Gerät befestigt ist. Dazu trägt der Infanterist der gemischten KMNB (Kabul-Multi-National-Brigade) eine Schutzweste. Ganz unten rechts im Bild ist das CRKT Desert Cruiser zu erkennen.

Foto: Sören Sünkler

CRKT DESERT CRUISER

Stabiles Allround-Klappmesser

Das Modell Desert Cruiser von Columbia River Knife and Tools ist ein stattliches Einsatzmesser. Es beruht, wie viele CRKT-Modelle, auf einem Custom-Knife-Entwurf des renommierten US-Messermachers Jim Hammond, der seit 1978 Mitglied der American Knifemaker's Guild ist. Erstmals vorgestellt wurde die Luxusvariante, der Hammond Cruiser, im Mai 2003 in der amerikanischen Messerfachzeitschrift „Tactical Knives". Der Testkommentar damals: „The Cruiser rocks!"

Auch die CRKT-Ausführung des Messers „rockt", und zwar in vielfacher Hinsicht. Da wäre zunächst einmal die Größe, denn geschlossen misst das Desert Cruiser beachtliche 13,3 Zentimeter. Das bietet reichlich Platz, auch für große Hände. Die durchdachte Griffgestaltung mit der tiefen Zeigefingermulde und zwei sanfter geformten Fingermulden führt dazu, dass das Messer gut und sicher in der Hand liegt. Die unverwüstlichen Zytel-Schalen sind wabenartig strukturiert, das Griffende ist schnabelförmig nach unten gebogen, was die Griffsicherheit zusätzlich verbessert. Unter den Zytel-Schalen befindet sich der bewährte Aufbau mit zwei 420J2-Stahl-Linern (einer davon verriegelt die Klinge). Neben der Hauptverriegelung, dem Liner-Lock, ist das Desert Cruiser zusätzlich mit dem manuell aktivierbaren LAWKS-Mechanismus ausgestattet, bei dem durch Nach-vorne-Schieben eines Hebels der Liner blockiert wird.

Geöffnet wird die auf Teflonscheiben laufende Klinge entweder per doppelseitig montiertem Daumenstift (Torx-verschraubt) oder mit dem Flipper, der in geschlossenem Zustand aus dem offenen Griffrücken herausragt. Die Clip-Point-Klinge mit der langgezogenen falschen Schneide am Klingenrücken kann für viele Aufgaben eingesetzt werden, nicht zuletzt auch als Stichwaffe. Die Klinge ist beidseitig hohl geschliffen, die Schneide jedoch ist einseitig links abgezogen. Eine Titan-Nitrit-Beschichtung schützt den ohnehin relativ rostunempfindlichen AUS-8-Stahl vor Korrosion.

Sowohl die Klingenbeschichtung wie auch die beiden Zytel-Griffhälften sind wüstensandfarben, was eine ziemlich einzigartige Optik ergibt – perfekt angepasst an die Einsatzgebiete im Irak und Afghanistan, wo das Messer häufig zu finden ist. Das Desert Cruiser kann mit dem starken Metallclip (ein zweiter liegt bei) an der Kleidung und der Ausrüstung befestigt werden. Der Clip lässt sich an vier Positionen am Griff montieren. Das Desert Cruiser ist ein schweres und stabiles Klappmesser, das es gut mit so manchem feststehenden Einsatzmesser aufnehmen kann.

CRKT-Designer und Messermacher Jim Hammond.

Der Clip des Desert Cruiser ist umsetzbar, der Rücken ist zum Reinigen offen.

DATEN

Hersteller:	Columbia River Knife & Tool
Modell:	Desert Cruiser
Klingenlänge:	95,0 mm
Klingenstärke:	3,5 mm
Klingenstahl:	AUS-8
Gesamtlänge:	229,0 mm
Arretierung:	Liner-Lock, LAWKS
Gewicht:	176 g
Griff:	Zytel
Herstellungsland:	Taiwan
Versorgungsnummer:	keine (privat beschafft)

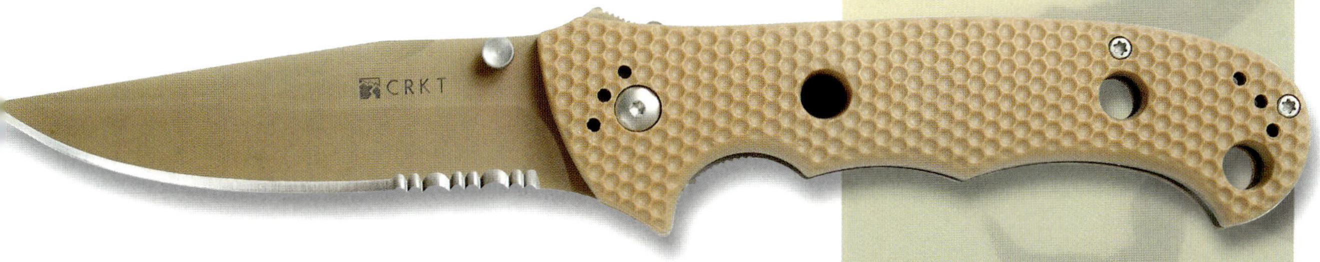

Im Rahmen der Operation „Telic“ waren Soldaten der britischen Streitkräfte zwischen 2003 und 2009 im Südirak eingesetzt. Dieser Soldat gehört zum 2nd Battalion „The Poachers“, The Royal Anglian Regiment. Zwischen Mai und November 2008 stellten die „Poachers“ im Zuge der Operation „Telic 12“ das Personal für Military Transition Teams. Auftrag der MTTs war es, irakische Truppen auszubilden, im Einsatz zu beraten und zu unterstützen. Neben einem SA80-Bajonett führt der MTT-Angehörige noch ein CRKT K.I.S.S. griffbereit an seiner Osprey-Schutzweste.

CRKT K.I.S.S.

Simpel, klein und effektiv.

Die Rückseite des K.I.S.S. ist mit einem kräftigen Clip ausgestattet.

Neben dem durch die M.O.L.L.E.-Schlaufen gesteckten SA80-Bajonett trägt der britische Soldat auf dem Foto links ein Messer aus der K.I.S.S.-Reihe der US-Firma CRKT. Es handelt sich um das erste K.I.S.S.-Modell, das Columbia River Knife & Tool 1998 vorgestellt hat. Mit matt gestrahlter Tanto-Klinge aus japanischem AUS-6-Stahl (inzwischen wird sie aus 420J2 gefertigt). Das Design basiert auf einem Custom Knife des ehemaligen Flugzeugmechanikers und Messermachers Ed Halligan. Inzwischen über 70 Jahre alt und immer noch aktiv, gehörte er zu den ersten, die CRKT eine Lizenz zur Serienfertigung gaben. Die Partnerschaft besteht immer noch und trägt regelmäßig Früchte in Form von zahlreichen Auszeichnungen, die CRKT-Messer erhalten.

K.I.S.S. steht für „Keep It Super Simple" (frei übersetzt: „Halte es so einfach wie möglich!"). Und tatsächlich, das Messer ist so simpel wie genial. Es besteht im wesentlichen aus nur drei Teilen: der Klinge, dem Clip und einer Metallplatine, die zugleich Griff und Verriegelung ist. Die Tanto-Klinge, wahlweise mit partiellem Wellenschliff zu haben, ist einseitig links angeschliffen. Dieser Beitel-Anschliff liegt für Rechtshänder eigentlich auf der falschen Seite, ist jedoch bauartbedingt nötig, denn nur so liegt die Klinge in eingeklapptem Zustand eng genug an der Griffplatine, um Verletzungen zu verhindern.

Die Klinge ist 59 Millimeter lang, die maximale Klingenstärke liegt bei drei Millimetern. Der links angebrachte Daumenpin ermöglicht Rechtshändern das einhändige Ausklappen der Klinge. Die Verriegelung erfolgt nach dem Liner-Lock-Prinzip über einen unter Spannung stehenden Teil des Griffs, der sich in ausgeklapptem Zustand hinter die Klingenwurzel schiebt. Aufgrund der Ganzstahlkonstruktion wiegt das kleine Messer zirka 65 Gramm und ist richtig stabil.

Ganz klar: Das K.I.S.S. ist nicht der Prototyp eines Militärmessers – zu eingeschränkt sind die Verwendungsmöglichkeiten der kurzen, einseitig angeschliffenen Tanto-Klinge, zu kurz ist der 89 Millimeter lange Griff. Doch für kleinere Aufgaben ist das K.I.S.S. durchaus zu gebrauchen.

CRKT-Designer und Messermacher Ed Halligan.

Durch den Beitelschliff liegt die Klinge eng am Griff.

DATEN

Hersteller:	Columbia River Knife & Tool
Modell:	K.I.S.S. Tanto
Klingenlänge:	59,0 mm
Klingenstärke:	3,0 mm
Klingenstahl:	AUS-6 oder 420J2
Gesamtlänge:	147,0 mm
Arretierung:	Frame-Lock
Gewicht:	65 g
Griff:	Stahl
Herstellungsland:	Taiwan
Versorgungsnummer:	keine (privat beschafft)

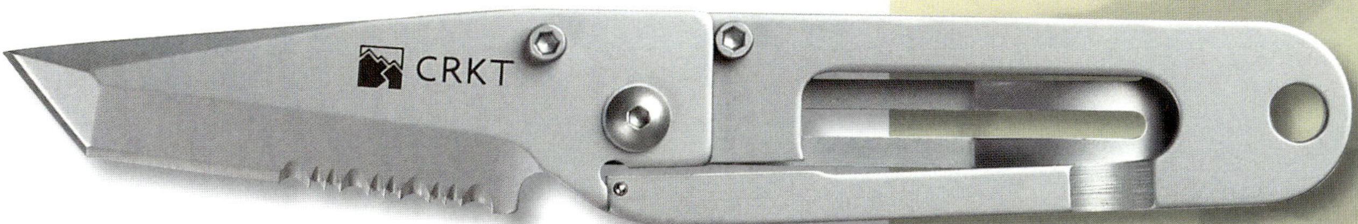

24. Dezember 2007, irgendwo im syrisch/irakischen Grenzgebiet: In einer vorgeschobenen Operationsbasis mitten in der Wüste öffnet ein Marine mit seinem M16-13 von CRKT einen Karton mit 24-Stunden-Rationen. Zwischen August 2007 und März 2008 operierte das 3rd Light Armored Reconnaissance Battalion des U.S. Marine Corps im Grenzgebiet. Auftrag des Bataillons war es zu verhindern, dass von Syrien aus Terroristen und Widerstandsgruppen Waffen und Sprengstoff in den Irak schmuggeln.

CRKT M16-13 MILITARY

Mittelspitzer Alleskönner mit Erinnerungsfunktion.

Truppenverpflegung in der Wüste: Beef Stew oder Chicken and Pasta? Irgendetwas in der Art dürfte es auf jeden Fall sein, was der Soldat links mit Unterstützung seines CRKT M16-13M aus dem Verpflegungskarton holt. Was die Gaumenfreuden der „Sun Meadow"-Verpflegungsrationen betrifft, gehen die Meinungen ziemlich weit auseinander. Beim CRKT M16-13 Military jedoch lautet das Urteil einstimmig: Volltreffer!

Entwickelt wurde die M16-Serie – und auch die ähnlichen Modelle M4 und M21 – vom ehemaligen Sergeant Major of the Army (SMA ist der höchste Unteroffizierdienstgrad der U.S. Army) Harold „Kit" Carson. Der Mann weiß aus Erfahrung, was er tut. Im Unterschied zu den normalen M16-13-Modellen ist die M-Ausführung mit einem olivfarben hartanodisierten Aluminiumgriff und schwarz teflonbeschichteten 420J2-Stahlplatinen ausgestattet. Erwähnenswert ist auch der den Military-Modellen vorbehaltene 1*-Logo, das auf einen Ausspruch von Gary Paul Johnston zurückgeht. Er bedeutet so viel wie „one-ass-to-risk". Und wenn man nur einen Hintern hat, dann sollte man alles tun, um diesen so gut wie möglich abzusichern.

Das M16-13 macht sich gut als Einsatzmesser. Es ist stabil konstruiert, verfügt über eine zuverlässige Arretierung und ist so leicht und einfach an der Kleidung und Ausrüstung zu befestigen, dass man es immer mitnehmen kann. Die mittelspitze Spear-Point-Klinge ist bis zu 2,5 Millimeter stark und mit einer schwarzen Titan-Nitrid-Beschichtung versehen, die Reflexionen verhindert und die Klinge vor Rostbefall schützt. Gehärtet wird sie auf 58 bis 59 Grad Rockwell, was für eine sehr ordentliche Schnitthaltigkeit sorgt. Scharf geschliffen ist nur die Hauptschneide, die zum Griff hin mit einem partiellen, äußerst aggressiven Wellenschliff versehen ist. Am Klingenrücken ist eine langgezogene falsche Schneide angebracht.

Der abnehmbare, aber nicht umsetzbare Clip (für Tip-down-Trageweise) ist unter der Klingenachse montiert und ebenfalls beschichtet. An der Hosentasche fixiert, ragt ein guter Teil des Griffs hervor, so dass man das Messer leicht ziehen kann. Egal, ob man es per beidseitigem Daumenstift (gleichzeitig Klingenanschlag) oder Flipper öffnet – dank der akkuraten Einstellung und den Teflon-Lagerscheiben öffnet sich die Klinge blitzschnell und geschmeidig. Als Schutz gegen unbeabsichtigtes Einklappen ist das M16-13 mit einem Liner-Lock sowie dem LAWKS-System ausgestattet. Da kann eigentlich nichts schief gehen. Ein leichtes und stabiles Klappmesser für normale Tätigkeiten (wie Kartons öffnen) und Notfälle.

Eines der Erkennungszeichen der M16-Serie ist der Flipper, der Öffnungshilfe und Handschutz zugleich ist.

Gut zu erkennen sind die einseitig geschliffene Schneide sowie der aggressive Wellenschliff.

DATEN

Hersteller:	Columbia River Knife & Tool
Modell:	M16-13M
Klingenlänge:	89,0 mm
Klingenstärke:	2,5 mm
Klingenstahl:	AUS-8
Gesamtlänge:	210,0 mm
Arretierung:	Liner-Lock, LAWKS
Gewicht:	90 g
Griff:	Aluminium 6061-T6
Herstellungsland:	Taiwan
Versorgungsnummer:	keine (privat beschafft)

Bagdad, Irak, April 2009. Mit einem leichten Maschinengewehr 5,56 mm M249 SAW sichert ein Soldat der C Company, 2nd Battalion, 505th Parachute Infantry Regiment den Eingang zu einem Wohnhaus im Ostteil der Stadt. An der Interceptor Body-Armor-Schutzweste führt er ein M16-14D von CRKT. Das Haus wird gerade von seinen Kameraden nach versteckten Waffen durchsucht. Das 2nd Battalion, 505th Parachute Infantry Regiment gehört zum 3rd Brigade Combat Team „H-Minus“ der 82nd Airborne Division „All American“.

CRKT M16-14D DESERT BIG DOG

Der große Wüstenhund.

Die Wüste ist einer der schwierigsten und gefährlichsten Lebensräume – es sei denn, man passt sich an die Bedingungen an und ist gut ausgerüstet. Für die Einsatzkräfte, die im Mittleren Osten und in Afghanistan ihren Dienst verrichten, haben Kit Carson und Columbia River Knife and Tool das bullige, schwere Einsatzmesser M16-14D entwickelt, das den Alltag der Soldaten erleichtert und ihnen in Notsituationen zuverlässig zur Seite steht.

Geschlossen misst das Modell fast 14 Zentimeter – selbst große Hände in Handschuhen finden hier genügend Platz. Zwei angedeutete Griffmulden, der nach unten gezogene Griffabschluss und der Flipper, der bei ausgeklappter Klinge als Handschutz dient, vermitteln zusätzliche Griffsicherheit. Das ist auch nötig, denn die Griffschalen aus Aluminium sind zwar sehr robust (auch in der skelettierten Ausführung), aber auch etwas rutschig.

Für zusätzliche Stabilität sorgen die unter den Griffschalen montierten Liner aus rostfreiem Stahl. Einer der Liner arretiert die ausgeklappte Klinge. Der Auto-LAWKS-Mechanismus, bei dem ein unter Federspannung stehender Riegel automatisch den Locking Liner blockiert, sobald das Messer ganz geöffnet ist, sichert die Tanto-Klinge zusätzlich ab. Dadurch werden die Messer der M16-Serie beinahe so sicher wie feststehende Messer.

Klinge und Griffschalen sind an den vorherrschenden Farbton in Wüstengegenden angepasst: Der Griff durch die Hartanodisierung in „Desert Tan" (Wüstentarn), die Klinge durch die abriebfeste Titan-Nitrid-Beschichtung im selben Farbton. Da funkelt nichts, auch nicht bei Sonnenschein. Die Tanto-Klinge ist bis zu 3,5 Millimeter stark, was zusammen mit dem auf 58 bis 59 HRC gehärteten AUS-8-Stahl für erhöhte Bruchstabilität sorgt. Auch die kräftige Spitze neigt nicht dazu, bei seitlichen Belastungen abzubrechen. Ein beidseitiger Hohlschliff mündet in eine einseitig links angeschliffene Schneide mit partiellem Wellenschliff.

Für einen guten Sitz an der Hose, der Weste oder am Rucksack sorgt der vierfach umsetzbare Metallclip, der stramm eingestellt ist. Die leichte Handhabung ist auf den beidseitigen Daumenstift (geriffelt), den Flipper und die Teflonscheiben zurückzuführen. Zum Reinigen muss das Messer dank der Open-Frame-Bauweise nicht zerlegt werden. Das CRKT M16-14D hinterlässt einen mächtigen Eindruck – nicht zuletzt aufgrund der 150 Gramm, die der große Wüstenhund auf die Waage bringt.

CRKT-Designer und Messermacher Harold Kit Carson.

Beim M16-14DSFG kommt anstelle der Aluminium-Griffschalen G-10 in „Coyote Brown" zum Einsatz.

DATEN

Hersteller:	Columbia River Knife & Tool
Modell:	M16-14D
Klingenlänge:	98,0 mm
Klingenstärke:	3,5 mm
Klingenstahl:	AUS-8
Gesamtlänge:	235,0 mm
Arretierung:	Liner-Lock, Auto LAWKS
Gewicht:	150 g
Griff:	Aluminium 6061-T6
Herstellungsland:	Taiwan
Versorgungsnummer:	keine (privat beschafft)

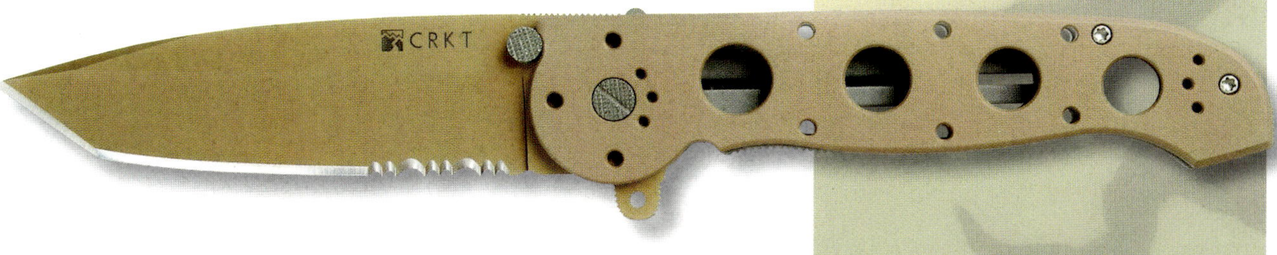

Januar 2008. Während der Vorbereitungen für einen Einsatz in Baqubah gibt ein GI Daten in ein Funkgerät ein. Sein M16-14T von CRKT hat er neben sich abgelegt. Der Soldat gehört zum 4th Battalion, 9th Infantry Regiment des 4th Stryker Brigade Combat Team der 2nd Infantry Division. Er trägt die erst kürzlich von der U.S. Army eingeführte neue Army Combat Uniform (ACU) mit Digitaltarndruck.

CRKT M16-14T

Die High-Tech-Variante des M16-14 mit Titanschalen.

Bei dem im Foto links am Boden liegenden Messer handelt es sich um die aufwändigste und teuerste Variante aus der M16-14-Serie, das T-Modell mit Titan-Griffschalen. Gleichzeitig entspricht es in seiner Griffausstattung auch der originalen Custom-Ausführung des Messermachers Kit Carson.

Die Griffschalen des M16-14T bestehen aus 6Al4V-Titan, das im Vergleich zu Aluminium stabiler und im Vergleich zu Stahl leichter ist, womit sich ein ideales Zähigkeits-Gewichtsverhältnis ergibt. Vier runde Aussparungen in jeder Griffhälfte verringern das Gewicht zusätzlich. Durch die Keramikstrahlung ist die Oberfläche leicht aufgeraut, was die Griffschalen etwas griffiger macht. Auf der Griffrückseite ist ein Stahlclip angebracht, mit dem sich das M16-14T mit der Spitze nach unten (Tip-down) an der Kleidung oder Ausrüstung befestigen lässt. Der Clip ist zwar abnehmbar, aber nicht umsetzbar. Die Montage unterhalb der Klingenachse lässt relativ viel vom dem Messer aus der Hosentasche hervorstehen, wodurch man es schnell und sicher greifen kann.

In die untere Griffhälfte ist ein 420J2-Stahlliner eingelegt, der die Arretierung der geöffneten Klinge übernimmt. Zusätzlich ist das M16-14T – anders als bei der Carson-Custom-Ausführung – noch mit der Auto-LAWKS-Sicherung versehen. Ist die Klinge heraus geklappt, blockiert ein federgelagerter Bolzen den Liner, so dass ein versehentliches Einklappen der Klinge nahezu ausgeschlossen werden kann.

Für die Klinge kommt japanischer AUS-8-Stahl zum Einsatz, der schnitthaltig und rostträge ist. Gleichzeitig kann er mit relativ einfachen Hilfsmitteln nachgeschärft werden. Die Klinge wird matt sandgestrahlt. Zum Griff hin ist das letzte Drittel der Schneide mit einem aggressiven Wellenschliff versehen, mit dem sich faseriges Material, dicke Taue und Kunststoff oder auch dünnes Blech besser schneiden lassen. Die fast zehn Zentimeter lange Tanto-Klinge ist am Klingenrücken 3,5 Millimeter stark, ab der etwas herabgesetzten Anschliffkante beginnt der beidseitige Hohlschliff. Ganz typisch für Tanto-Klingen ist die sehr stabile Spitze.

Die Klinge kann entweder per beidseitigen Daumenstift (gleichzeitig Klingenanschlag) oder der überstehenden Klingenwurzel-Nase, dem sogenannten Carson-Flipper, einhändig geöffnet werden. Der Carson-Flipper formt bei ausgeklappter Klinge auch einen zuverlässigen Handschutz aus. Griff und Klinge sind stabil, und der auf 58 bis 59 Grad Rockwell gehärtete Klingenstahl lässt keine Wünsche offen.

Sichert das Messer vor ungewolltem Einklappen: der Auto-LAWKS-Mechanismus.

Blick von unten auf die Klingenverriegelung des M16-14T.

DATEN

Hersteller:	Columbia River Knife & Tool
Modell:	M16-14T
Klingenlänge:	98,0 mm
Klingenstärke:	3,5 mm
Klingenstahl:	AUS-8
Gesamtlänge:	235,0 mm
Arretierung:	Liner-Lock, Auto-LAWKS
Gewicht:	162 g
Griff:	Titan
Herstellungsland:	Taiwan
Versorgungsnummer:	keine (privat beschafft)

Auftrag des „Search Troop“ der Joint UK EOD Group ist es, Sprengfallen und Minen aufzuspüren, damit diese anschließend von EOD-Teams unschädlich gemacht werden können. Die UK EOD Group ist eine streitkräfteübergreifende Einheit, die sich aus Angehörigen des britischen Heeres, der Marine und der Luftwaffe zusammensetzt. Dieser britische „Search Troop“-Angehörige (aufgenommen im Sommer 2008 in Basra) hat sein Gerber 06 Automatic griffbereit an seiner Schutzweste befestigt.

GERBER 06 AUTOMATIC

Kein Messer für zivile Einsätze.

Mit dem Automatikmesser 06 ist der Firma Gerber aus Oregon ein großer Wurf gelungen. Die verwendeten Materialien sind erstklassig, und die Konstruktion ist durchdacht und speziell für die Anforderungen von Polizisten und Militärangehörigen geeignet. Nur an diese darf das Messer in den USA übrigens auch verkauft werden. Aufgrund der Klingenlänge ist es in Deutschland verboten.

Das 06, hier an den Schlaufen der Weste getragen, ist komplett Torxverschraubt. Der selbsttragende Griff besteht aus hartanodisiertem (Mil-Spec Typ III) 6061-T6-Aluminium. Drei Fingermulden sorgen dafür, dass das Messer fest und sicher in der Hand liegt. Zur Klinge hin formen die Griffschalen einen beidseitigen Handschutz aus. Schräg eingefräste Rillen und Riffelungen an den Seitenkanten des Griffs verbessern die Griffsicherheit deutlich, egal ob man mit der Klinge arbeitet oder das 06 als Schlaghilfe benutzt. Denn auch dafür ist das 06 konzipiert: Zu diesem Zweck steht am Griffende ein spitz zulaufender Metalleinsatz über, der ähnlich wie ein Kubotan die Schlagenergie auf eine kleine Fläche konzentriert. Zusätzlich kann an dem Metalleinsatz auch eine Fangschnur befestigt werden.

Das Messer wird mit einem Nylonetui mit Klettverschluss ausgeliefert, das an allen gängigen Gürteln passt. Gleichzeitig ist das 06 Automatic mit einem Metallclip ausgestattet, mit dem das Messer mit der Spitze nach oben (Tip-up) an der Kleidung und Ausrüstung befestigt werden kann. Der stabile Clip ist mit drei Torxschrauben an der Griffschale befestigt und kann auf die andere Griffseite umgesetzt werden.

Die Klinge öffnet sich auf Knopfdruck automatisch. Der Öffnungsknopf wurde bewusst sehr groß gestaltet, um das Messer auch mit Handschuhen oder unter Stress bedienen zu können. Um ein unbeabsichtigtes Betätigen zu verhindern, ist das Messer mit einem Sicherungsschieber versehen, mit dem sich der Knopf bei geschlossener und geöffneter Klinge blockieren lässt. Für die Drop-Point-Klinge (es gibt zusätzlich auch eine Tanto-Variante, ebenfalls mit partiellem Wellenschliff) kommt der pulvermetallurgisch erzeugte S30V-Stahl zum Einsatz. Dieser Stahl mit einem Kohlenstoffgehalt von 1,45 Prozent und Zusatzlegierungen wie Chrom (14 %) und Vanadium (4 %) ist sehr verschleißfest, schnitthaltig und zugleich relativ zäh. Die Klingenstärke liegt bei beachtlichen 4,7 Millimetern.

Das alternative Gerber 06FAST ist mit Griffschalen aus G-10-Verbundmaterial ausgestattet.

Der am Griffende hervorstehende Schlagkraftverstärker kann als Glasbrecher genutzt werden.

DATEN

Hersteller:	Gerber Legendary Blades
Modell:	06 Automatic Drop Point
Klingenlänge:	96,0 mm
Klingenstärke:	4,7 mm
Klingenstahl:	CPM-S30V
Gesamtlänge:	218,0 mm
Arretierung:	Button-Lock
Gewicht:	–
Griff:	Aluminium 6061-T6
Alternativen:	Tanto, G-10-Ausführung
Herstellungsland:	USA
Versorgungsnummer:	NSN 1095-01-446-4348

Mit seinem Gerber A-F Combat Folder posiert ein MG-Schütze der A Company, 1st Battalion, 38th Infantry Regiment im Januar 2008 in Baqubah für die Kamera. Bewaffnet ist er mit einem leichten MG vom Typ 5,56 mm M249 SAW, auf der Waffe befindet sich ein EOTech- Reflexvisier. In Baqubah kam es über einen längeren Zeitraum hinweg immer wieder zu Zusammenstößen von U.S.-Truppen mit Terroristen und regionalen Widerstandsgruppen.

GERBER APPLEGATE FAIRBAIRN COMBAT FOLDER

Taktischer Einsatzdolch mit Wurzeln im Zweiten Weltkrieg.

Volle 11,4 Zentimeter lang ist die Dolchklinge des Gerber-Klappkampfmessers, das aus der Zusammenarbeit des Nahkampfexperten Colonel Rex Applegate und den Messermachern William Harsey und Butch Vallotton entstand. Gekennzeichnet ist die matt gestrahlte Klinge mit den Namenszügen des ehemaligen OSS-Colonels und seines britischen SOE-Ausbilderkameraden William E. Fairbairn, der im Zweiten Weltkrieg zu den bedeutendsten Nahkampfexperten gehörte. Zusammen entwickelten sie die feststehende Variante des Applegate-Fairbairn-Kampfmessers. Die klappbare Version wurde erstmals 1996 vorgestellt und erzielte sofort höchste Verkaufszahlen.

Die Klinge besteht aus rostträgem 440C-Stahl, der auf 59 Grad Rockwell C gehärtet wird. Die Schnitthaltigkeit und Rostbeständigkeit dieses Stahls ist gut. Im ersten Drittel der Schneide ist ein Wellenschliff angebracht. Die symmetrische, mittelspitze Klinge ist nur einseitig abgezogen, kann aber durch geübte Hand zu einem vollwertigen Dolch umgearbeitet werden. Mit einer maximalen Klingenstärke von 3,8 Millimetern ist der A-F Combat Folder für einen Dolch recht stabil. Zumindest im ersten Viertel, denn dann wird die Klinge zur Spitze hin kontinuierlich dünner. Der beidseitig angebrachte Daumenstift und der an beiden Seiten montierbare Gürtelclip machen das Messer für Rechts- und Linkshänder nutzbar.

Der Griff misst 14,3 Zentimeter, womit das Messer im ausgeklappten Zustand fast 26 Zentimeter lang ist. Der Schwerpunkt liegt etwa einen Zentimeter hinter der Achse in Richtung Griffende. Die glasfaserverstärkten Zytel-Griffschalen sind mit Stahl-Linern unterlegt, von denen einer die Verriegelung der Klinge übernimmt. Der Liner-Lock kann zusätzlich durch eine Schiebesicherung blockiert werden. Die Oberfläche der Schalen ist aufgeraut, und die Längsrillen verbessern die Rutschfestigkeit zusätzlich. Im vorderen Griffbereich sind zwei geriffelte Aussparungen für Zeigefinger und Daumen angebracht, der hintere Teil des Klingenrückens ist ebenfalls mit einer rutschhemmenden Riffelung versehen. Am Griffende kann ein Fangriemen angebracht werden.

Konzipiert wurde der A-F Combat Folder vor allem als Kampfmesser. Doch auch für normale Schneidaufgaben ist das Messer auch gut geeignet. Für den harten Feldeinsatz, bei dem schon mal eine Kiste aufgehebelt wird, dürfte die Klinge aufgrund der Geometrie zu bruchempfindlich sein.

Col. Rex Applegate und Dietmar Pohl bei ihrem ersten Treffen 1996 in Dallas.

Alternativ gibt es den A-F Combat Folder auch mit einem Griff in Foliage Green.

DATEN

Hersteller:	Gerber Legendary Blades
Modell:	A-F Combat Folder
Klingenlänge:	114,0 mm
Klingenstärke:	3,8 mm
Klingenstahl:	440C
Gesamtlänge:	257,0 mm
Arretierung:	Liner-Lock
Gewicht:	184 g
Griff:	Zytel
Alternativen:	Covert, Mini-Version
Herstellungsland:	USA
Versorgungsnummer:	keine (privat beschafft)

Die Interceptor Body Armor (IBA) Schutzweste mit Improved Outer Tactical Vest (IOTV) ist heute die Standardschutzweste der U.S. Army. Viele U.S.-Soldaten, die in den letzten Jahren im Irak und in Afghanistan zum Einsatz kamen, verdanken der Weste ihr Leben. Mit Front- und Rückenplatte (ESAPI) sowie Seitenplatten (ESBI), Tiefschutz, Oberarmschutz und Halsschutz wiegt die Schutzweste rund 15 kg. Die abgebildete Weste gehört einem Specialist des 4th Stryker Brigade Combat Team der 2nd Infantry Division. An der Brustpartie der Weste führt er im Einsatz neben Schrotpatronen und einem Karabinerhaken ein Gerber E-Z Out Skeleton mit.

GERBER E-Z OUT SKELETON

Alles Easy – einfaches Messer für leichte Aufgaben.

„E-Z (easy) to access, E-Z to open und E-Z to use!" So lautet das Motto der E-Z Out Skeleton-Serie von Gerber. Und tatsächlich, dank des stabilen Gürtelclips aus rostfreiem Stahl, der auf der rückseitigen Griffhälfte mit der Achsvernietung verbunden ist, kann das Messer leicht an der Kleidung oder an Ausrüstungsgegenständen befestigt werden – und ist so jederzeit zugriffsbereit. Nur umsetzbar ist der Clip nicht. Klippt man das Messer innerhalb der Hosentasche an, steht gut ein Zentimeter des Griffs über den Hosenrand hervor. Schlecht, wenn man nicht so viel Aufmerksamkeit erregen will. Gut, wenn man das Messer schnell und sicher ziehen will.

Aufgrund der Klingendurchbrüche lässt sich die Klinge des E-Z Out Skeleton problemlos einhändig öffnen, von Rechts- wie von Linkshändern. Mit etwas Geschick lässt sich die Klinge durch Herunterdrücken der mittig positionierten Back-Lock-Entriegelung auch einhändig schließen. Dank der mit Kraton-Einsätzen versehenen, voluminösen Zytel-Griffschalen liegt das kompakte Messer wie angegossen in der Hand. Auch Nässe beeinträchtigt die Griffsicherheit kaum. Diese Griffschalen-Zusammensetzung hat sich schon seit Jahrzehnten bei Gerbers Gator-Serie bewährt. Zudem ist das Messer durch den Verzicht auf stabilisierende Stahl-Liner und die großzügig durchbrochene Klinge relativ leicht. Die Drop-Point-Klinge des E-Z Out Skeleton ist hohl geschliffen, die Schneide hat genügend „Bauch" für ziehende Schnitte.

Im Grunde ist das E-Z Out Skeleton ein ganz einfaches Messer, das sich für normale Schneidaufgaben problemlos einsetzen lässt. Sollte die Arbeit jedoch mal etwas gröber werden, kommt die relativ schmale und durchbrochene Klinge an ihre Grenzen. Der von Gerber nicht näher spezifizierte Stahl (400er-Serie) ist auch nicht besonders schnitthaltig. Dafür ist das Back-Lock-Messer relativ leicht, und die komfortable Handlage ist schwer zu übertreffen. Das Gerber E-Z Out Skeleton ist mit Sicherheit nicht der Prototyp eines Militärmessers, auf das man sich auch in Extremsituationen verlassen kann. Doch wie man sieht, finden auch einfachste Klappmesser den Weg in Kriegsgebiete. Um schnell mal ein Seil zu durchtrennen, Lebensmittel zuzubereiten oder sich freizuschneiden, reicht das E-Z Out Skeleton völlig aus. Insbesondere dann, wenn man ohnehin offiziell mit einem Bajonett oder feststehenden Kampfmesser ausgestattet ist, mit dem man die groben Arbeiten durchführen kann.

Manchen Soldaten reicht nicht nur ein Messer. Dieser hier führt neben dem E-Z Out Skeleton auch noch ein A-F Combat Folder sowie ein Multitool.

DATEN

Hersteller:	Gerber Legendary Blades
Modell:	E-Z Out Skeleton
Klingenlänge:	97,0 mm
Klingenstärke:	3,5 mm
Klingenstahl:	AUS-8
Gesamtlänge:	232,0 mm
Arretierung:	Back-Lock
Gewicht:	216 g
Griff:	Zytel
Herstellungsland:	Taiwan
Versorgungsnummer:	keine (privat beschafft)

Zu den Besatzungen der Radspähpanzer LAV-25 des 3rd Light Armored Reconnaissance Battalion des USMC vier „Ground Scouts." Diese sind unter anderem mit Sturmgewehren 5,56 mm M16A4, Granatwerfern 40 mm M203 und leichten Maschinengewehren 5,56 mm M249 SAW bewaffnet. An seiner Modular Tactical Vest (MTV) Schutzweste trägt dieser Ground Scout ein Gerber Paraframe II Klappmesser.

GERBER PARAFRAME

Leichtes Frame-Lock-Messer in modernem Design.

Bei dem Klappmesser, dass sich der Soldat an den M.O.L.L.E-Schlaufen seiner ballistischen Weste befestigt hat, handelt es sich um ein Gerber Paraframe I. Die US-Firma Gerber Legendary Blades wurde 1939 in Portland, Oregon gegründet (inzwischen gehört Gerber zum finnischen Werkzeugspezialisten Fiskars) und hat im Laufe ihres Bestehens einige tatsächlich legendäre Messer hergestellt: das Vietnam Kampfmesser Mark II, die Modelle der Gator-Serie oder auch das Applegate-Fairbairn Covert. Das Paraframe ist, auch wenn es nicht das Zeug zur Legende hat, ein vernünftiges und gut funktionierendes Einhandmesser.

Die großzügigen Aussparungen an den Griffschalen aus rostfreiem Stahl tragen zum geringen Gewicht des Messers bei. Verriegelt wird die Clip-Point-Klinge per Frame-Lock. Entwickelt wurde dieser Arretierungsmechanismus, bei dem sich ein Teil des Griffrahmens hinter die Wurzel der herausgeklappten Klinge schiebt, von Chris Reeve, der vor allem durch seine aus einem Stück gefertigten Überlebensmesser bekannt wurde. Die beiden Griffhälften sind Torx-verschraubt, so dass das Messer zum Reinigen zerlegt werden kann.

Für die hohl geschliffene Klinge kommt ein nicht näher spezifizierter „Chirurgenstahl" zum Einsatz, vermutlich 420HC oder 440A. Die Clip-Point-Form, bei der sich der Klingenrücken zur Spitze hin schnabelförmig herabsenkt, hat Vor- und Nachteile. Dadurch, dass die Spitze auf Höhe der Klingenmitte liegt, kann man kontrolliert mit ihr arbeiten, und man weiß intuitiv, wohin man sticht. Durch die geringe Klingenstärke im Bereich der Spitze sind auch feine Schnitte möglich. In der Feinheit der Spitze liegt aber auch ein Nachteil: Sie bricht oder verbiegt sich – je nach Klingenmaterial und Härte – relativ leicht.

Das Paraframe I wurde mit glatter Schneide oder halber Wellenschliffklinge produziert. Vorteile der Wellenschliffklinge liegen bekanntermaßen in der verbesserten Schneidwirkung bei faserigem Material und starken Seilen, außerdem bleibt sie relativ lange scharf. Muss man sie jedoch irgendwann nachschärfen, wird es schwierig. Bis heute gibt es kein zu 100 Prozent überzeugendes System dafür. Ein beidseitig überstehender Daumenstift ermöglicht das einhändige Öffnen der Klinge sowohl mit der rechten als auch mit der linken Hand. Der lang gezogene Clip hingegen ist nicht umsetzbar und auf die Tragegewohnheiten von Rechtshändern ausgelegt.

Für militärische Anwender wurde das Modell Paraframe auch mit schwarzer Beschichtung gefertigt.

Die hell gestrahlte Oberfläche des Paraframe verursacht störende Reflexionen.

DATEN

Hersteller:	Gerber Legendary Blades
Modell:	Paraframe I
Klingenlänge:	76,0 mm
Klingenstärke:	2,7 mm
Klingenstahl:	400er
Gesamtlänge:	180,0 mm
Arretierung:	Frame-Lock
Gewicht:	k.A.
Griff:	Stahl
Alternativen:	Mini Paraframe, Paraframe II (Klingen: 57 bzw. 89 mm)
Herstellungsland:	Taiwan
Versorgungsnummer:	keine (privat beschafft)

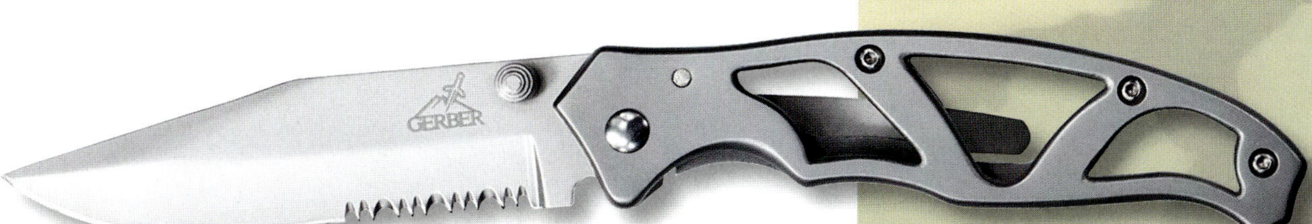

Specialist Shaw gehört zu den Soldaten des Military Police Platoon des Special Troop Battalion des 3rd Brigade Combat Team der 82nd Airborne Division „All American." Im März 2009 befindet sich die Einheit im Osten von Bagdad im Einsatz. Während der Bereitschaftszeiten verbringen die Soldaten ihre Zeit in unmittelbarer Nähe der Fahrzeuge. Auf den Trittstufen der Heckleiter eines Caiman MRAP sitzend ist Specialist Shaw gerade dabei, ihre Fingernägel mit der Spitze der Messerklinge ihres Gerber Torch II Tantos zu reinigen.

GERBER TORCH II TANTO

Klapp-Tanto für viele Anwendungen.

Klischees können so schön sein: Da benutzt eine amerikanische Soldatin ihren großen, schwarzen Tactical Folder nicht zum Aufstemmen einer Munitionskiste, sondern zum Reinigen ihrer Fingernägel. Das Torch II Tanto ist offensichtlich ein echter Allrounder – nicht nur ein brauchbares Klappmesser für den taktischen Einsatz, sondern auch noch zur Handpflege geeignet.

Entworfen wurde es vom amerikanischen Messermacher Rick Hinderer, der hauptberuflich Hufschmied ist und sowohl die Wasserwacht als auch die Freiwillige Feuerwehr seines Heimatorts im Bundesstaat Ohio unterstützt. Mit Gerber hatte Hinderer zuvor schon zusammengearbeitet, insbesondere das Hinderer Rescue war ein großer Erfolg. Das Design des Torch beruht auf einem Custom-Knife-Modell von Rick Hinderer, von dem er nur wenige Exemplare hergestellt hat.

Das in Taiwan produzierte Serienmesser besitzt einen Griffrahmen aus schwarz beschichtetem Stahl, in den Einsätze aus rutschfest strukturiertem G-10-Verbundmaterial eingelegt sind. Geschlossen misst das Messer 11,8 Zentimeter. An den Seitenkanten beider Griffenden ist es jeweils mit mehreren Kerben versehen, die es rutschfester machen. Ein seitlich angebrachter, ovaler Griffdurchbruch ermöglicht das Anbringen eines Fangriemens. Zur Befestigung an der Kleidung dient der an der Griffunterseite angebrachte Metallclip, der zwar abmontiert, aber nicht umgesetzt werden kann.

Ein zusätzlicher Handschutz steht bei geöffneter Klinge zur Verfügung: der Flipper. Am Flipper kann die Klinge des Torch herausgeschnippt werden. Bei ausgeklappter Klinge steht der Flipper auf Höhe der Klingenachse aus der Griffunterseite hervor. Alternativ kann das Messer auch mit dem beidseitigen Daumenstift geöffnet werden. Die Verriegelung der neun Zentimeter langen Klinge erfolgt über einen stabilen Frame-Lock, der auch nach Jahrzehnten immer noch den sichersten Arretierungsmechanismen überhaupt gehört.

Die Klinge – in Gerber-typischem Jargon – ist aus rostträgem Chirurgenstahl (vermutlich 440A) gefertigt und hat eine Tanto-Spitze. Zum Schutz vor Reflexionen ist sie schwarz beschichtet. Bevor der partielle Wellenschliff beginnt, ist die Klinge mit einem konkaven Einsatz versehen, den man auch als Fingermulde nutzen kann, will man das Messer kürzer greifen. Der Anschliff ist hohl ausgeführt, am Klingenrücken ist eine falsche Schneide angeschliffen.

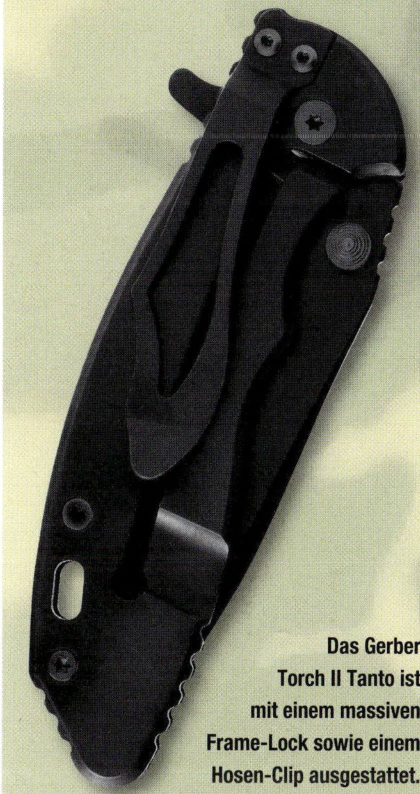

Das Gerber Torch II Tanto ist mit einem massiven Frame-Lock sowie einem Hosen-Clip ausgestattet.

DATEN

Hersteller:	Gerber Legendary Blades
Modell:	Torch II Tanto
Klingenlänge:	90,0 mm
Klingenstärke:	3,5 mm
Klingenstahl:	440A
Gesamtlänge:	208,0 mm
Arretierung:	Frame-Lock
Gewicht:	130 g
Griff:	Stahl/G-10
Herstellungsland:	Taiwan
Versorgungsnummer:	keine (privat beschafft)

Dieser Kommandant eines LAV-25 des 3rd Light Armored Reconnaissance Battalion des USMC vertraut im Einsatz auf ein Ka-Bar Mule. Die Besatzung eines Radspähpanzers LAV-25 besteht aus dem Kommandanten, dem Richtschützen und dem Fahrer. Im hinteren Kampfraum des Fahrzeugs können bis zu sechs Ground Scouts mitgeführt werden.

KA-BAR MULE

Zähes Arbeitstier für alle Einsatzzwecke.

Alternativ gibt es das Mule auch mit Tanto-Klinge.

Mule, also Maultier, ist ein passender Name für dieses Klappmesser des amerikanischen Herstellers Ka-Bar. Ähnlich wie sein tierischer Namensgeber ist es zäh, widerstandsfähig und anspruchslos. Die Stabilität des Messers macht sich auch im Gewicht von rund 200 Gramm bemerkbar. Vor allem die beiden je 1,5 Millimeter starken Stahlplatinen, die kräftige Back-Lock-Feder und die fast zehn Zentimeter lange und 3,5 Millimeter starke Klinge tragen zu dem hohen Gewicht bei. Die hohl geschliffene Klinge aus AUS-8-Stahl ist in Clip Point-Form oder als Tanto-Variante erhältlich. Die schwarze Teflon-Beschichtung erhöht die Korrosionsbeständigkeit und verhindert Reflexionen. Der abgebildete Soldat benutzt sein Messer offenbar häufig und auch für härtere Arbeiten, wie man an der teilweise verkratzten Beschichtung erkennen kann.

Auch mit schweren Einsatzhandschuhen lässt sich das Messer einhändig bedienen. Der beidseitige Daumenpin und der umsetzbare Clip (Tip-up) machen das Mule linkshändertauglich. Die kräftige Rückenfeder erzeugt einen erheblichen Widerstand beim Öffnen. Ausgeklappt steht die Klinge jedoch völlig spielfrei, so wie es eigentlich sein soll. Die Entriegelung des Arretierungshammers ist mit einem Boye-Dent des Entwicklers David Boye versehen. Die Vertiefung erfüllt zwei Aufgaben: Einerseits verhindert sie ein versehentliches Herunterdrücken der Rückenfeder bei festem Griff, andererseits bietet sie dem Daumen beim Entriegeln einen sicheren Halt.

Zum Ende hin wird der Griff breiter, was ein Entgleiten des Messers nach vorne aus der Hand wirkungsvoll verhindert. Zur Klinge hin verbessern eine aggressiv geriffelte Daumenrampe und eine angedeutete Fingermulde die Griffsicherheit. Angeclippt ragt nur wenig vom Griff aus der Hosentasche. Aufgrund seines Gewichts trägt man es jedoch besser in einem Gürteletui.

Die Stahlplatinen sind mit zwei glasfaserverstärkten Zytel-Griffschalen verschraubt. Zum Reinigen lässt sich das Messer komplett in seine Einzelteile zerlegen. Der abgerundete und dreidimensionale Griff (zum vorderen Ende hin ist der Griff seitlich eingebuchtet) liegt gut und sicher in der Hand. Schlanke Einsätze aus rutschfestem Kraton geben der Hand zusätzlichen Halt. Mit einer nutzbaren Klinge von 9,7 Zentimetern hat man dem Mule eine für nahezu alle Anwendungsbereiche geeignete Klingenlänge gegeben. Ein echtes Arbeitstier für den militärischen Anwender.

Das Ka-Bar Black Mule Holster nimmt das schwere Klappmesser sicher auf.

DATEN

Hersteller:	Ka-Bar Knives, Inc.
Modell:	Mule, Clip Point
Klingenlänge:	97,0 mm
Klingenstärke:	3,5 mm
Klingenstahl:	AUS-8
Gesamtlänge:	232,0 mm
Arretierung:	Back-Lock
Gewicht:	216 g
Griff:	Stahl/Zytel/Kraton
Alternativen:	Tanto
Herstellungsland:	Taiwan
Versorgungsnummer:	keine (privat beschafft)

Lance Corporal Smalley gehört zu den Ground Scouts des 3rd Light Armored Reconnaissance Battalion des USMC. Sein Bataillon befindet sich im Westirak im Einsatz. An den Schultergurten seiner Schutzweste hat er links ein Tourniquet zum Abbinden befestigt, rechts trägt er ein Ka-Bar Mule Desert.

KA-BAR MULE DESERT & FOLIAGE

Farblich gut angepasste Klappmesser für staubige und sumpfartige Gegenden.

Diese Modelle aus der Mule-Serie sind mit wüstensandfarbenen oder sumpfgrünen Zytel-Griffschalen ausgestattet. Vier längliche Kraton-Einlagen erhöhen die Griffsicherheit. Auch dank der beiden Griffmulden, dem zum Ende hin verbreiterten Griff und der geriffelten Daumenauflage liegen die Camo-Versionen des Mule gut in der Hand. Der Griff misst ganze 13,3 Zentimeter – diese Extrazugabe an Länge macht sich vor allem auch beim Arbeiten mit Einsatzhandschuhen positiv bemerkbar. Mit 216 Gramm ist das Messer nicht gerade ein Leichtgewicht. Zwei je 1,5 Millimeter starke Stahlplatinen, auf die Zytel-Schalen geschraubt wurden, eine kräftige Back-Lock-Feder und die 9,7 Zentimeter lange und 3,5 Millimeter starke Klinge haben eben ihr Gewicht. Eine Masse, das allerdings auch Zuverlässigkeit ausstrahlt.

Die Klinge aus AUS-8-Stahl gibt es nicht nur in Clip-Point-, sondern auch in Tanto-Form. In beiden Varianten ist die Klinge hohl geschliffen, der Schliffwinkel wird werksmäßig auf 15 Grad (30 Grad insgesamt) festgelegt. Die schwarze, abriebfeste Teflon-Beschichtung erhöht die Korrosionsbeständigkeit, verhindert unerwünschte Reflexionen und verringert den Reibungswiderstand. Der japanische AUS-8-Stahl enthält neben weiteren Legierungsbestandteilen 0,7 Prozent Kohlenstoff und zirka 14 Prozent Chrom. Gehärtet wird diese Stahlsorte auf 57 bis 59 Grad Rockwell C, womit die Klinge genügend Biss hat, aber nicht zu bruchempfindlich wird.

Durch den großen, beidseitig überstehenden Daumenpin und den umsetzbaren Clip (Tip-up) sind die Mule-Modelle auch von Linkshändern einsetzbar. Zum einhändigen Ausklappen der Klinge braucht man allerdings recht viel Kraft, da die Rückenfeder einen erheblichen Widerstand beim Öffnen erzeugt, was aber für ein Back-Lock-Messer typisch ist. Der Clip ist so positioniert und geformt, dass man kaum etwas von dem Messer sieht, wenn man es angeclippt trägt. Aufgrund des hohen Gewichts empfiehlt es sich jedoch, das Mule im mitgelieferten Gürteletui zu führen. Es ist – ganz stilecht – sand- oder foliagefarben. Man kann es sowohl hoch als auch quer am Koppel tragen. Die lange Verschlusslasche wird durch einen Klettverschluss sowie einen Druckknopf gesichert.

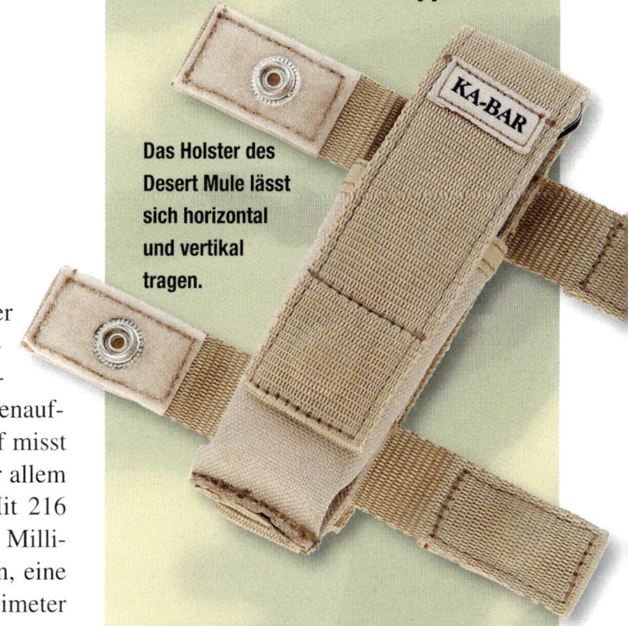

Das Holster des Desert Mule lässt sich horizontal und vertikal tragen.

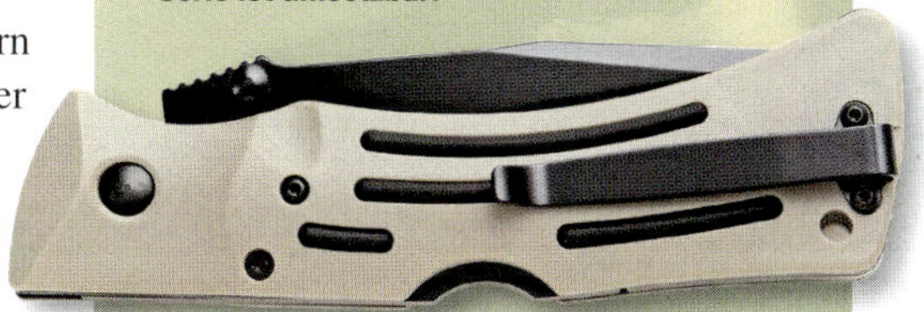

Der Clip der Mule-Serie ist umsetzbar.

DATEN

Hersteller:	Ka-Bar Knives, Inc.
Modell:	Mule, Tanto, Desert & Foliage
Klingenlänge:	97,0 mm
Klingenstärke:	3,5 mm
Klingenstahl:	AUS-8
Gesamtlänge:	232,0 mm
Arretierung:	Back-Lock
Gewicht:	216 g
Griff:	Stahl/Zytel/Kraton
Alternativen:	Drop-Point-Kl., schwarzer Griff
Herstellungsland:	Taiwan
Versorgungsnummer:	keine (privat beschafft)

Bei diesem Sergeant des United States Marine Corps handelt es sich um den Fahrer eines MTVR Lastwagens (Medium Tactical Vehicle Replacement) des 2nd Regimental Combat Team (RCT 2). Zwischen August 2007 und März 2008 war der Gefechtsverband in Brigadegröße für die Sicherheit im Westteil der irakischen Provinz Al Anbar zuständig. Patrouillen des RCT 2 operierten oft wochenlang in den irakischen Wüsten, ohne zu ihren Basen zurückzukehren. Versorgt wurden sie durch sogenannte Combat Logistic Patrols. Zu einem dieser Versorgungskonvois gehörte auch der MTVR des Sergeants. Für die Kamera posierte er im Dezember 2007 in der irakischen Wüste mit seinem M-Tech Einhandklappmesser. Sein Modell ist mit einer schwarzen Klinge ausgestattet.

M-TECH RHINO FOLDING FIGHTER

Schweres Einsatzmesser zum kleinen Preis.

Das im Nylon-Etui an der linken Schulter getragene Klappmesser des abgebildeten Sergeant ist ein guter Beleg dafür, dass sich viele Soldaten nicht mit den teuersten Messern eindecken wollen – oder aus finanziellen Gründen können. Dann muss man sich nach kostengünstigen Alternativen umschauen, die dennoch verlässlich funktionieren.

Bei dem Messer handelt es sich um das Modell Rhino Folding Fighter der Firma M-Tech (die zum größten Schwert- und Messerimporteur der USA, der Firma Master Cutlery, gehört). Produziert wird ausschließlich in China, was die Messer sehr preiswert macht – so kosten die meisten M-Tech-Modelle weniger als 20 Euro. Das „Rhino Folding"-Klappmesser ist eines der wuchtigsten und stabilsten Klappmesser der Marke. Für die 10,8 Zentimeter lange Klinge kommt 440A-Stahl zum Einsatz: kein besonders harter und schnitthaltiger, dafür jedoch ein gutmütiger Stahl, der sich leicht nachschärfen lässt und auch gröbere Behandlungen gut wegsteckt.

Die maximale Klingenstärke liegt bei 3,5 Millimetern. Aufgrund der herabgesetzten Anschliffkante bleibt diese Stärke über große Teile der Klinge bestehen, was sie sehr stabil macht. Per beidseitigen Daumenstift kann die Klinge von Rechts- und Linkshändern einhändig herausgeklappt werden. Im geöffneten Zustand verriegelt sie per Liner-Lock.

Das hohe Gewicht von 340 Gramm (!) lässt sich vor allem auf die Griffkonstruktion zurückführen. Die zwei massiven Stahlplatinen mit G-10-Griffschalen sowie die Griffdistanzstücke aus Stahl sind zwar sehr stabil, haben aber auch ihr Gewicht. Mit einer Länge von 14,6 Zentimetern ist man ebenfalls auf der etwas größeren Seite. Aufgeklappt misst der Rhino Folding Fighter also stattliche 25,4 Zentimeter – größer als so manches feststehende Messer.

Das Messer ist Torx-verschraubt, so dass es zum Reinigen komplett zerlegt werden kann. Am Griffende bietet sich die Möglichkeit, einen Fangriemen zu befestigen. Das schwere Klappmesser besitzt keinen Clip, jedoch ein klettverschließbares Nylon-Etui, das zum Tragen am Koppel konzipiert ist. Mit Kabelbindern oder etwas Paracord lässt es sich jedoch auch an den Schlaufen einer taktischen Weste befestigen.

Eine grob geriffelte Daumenauflage garantiert sicheren Halt.

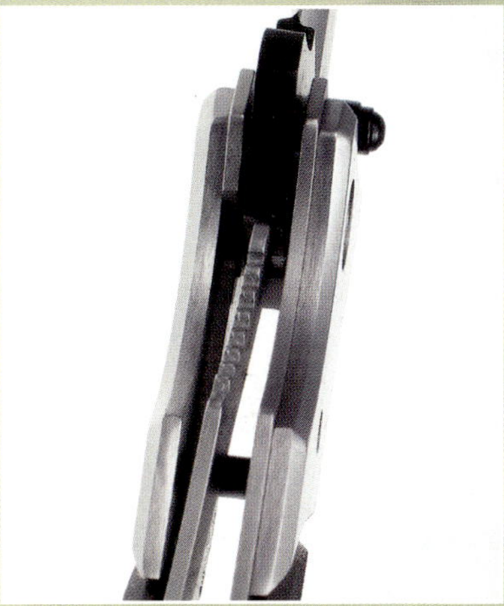

Der Liner-Lock ist bei dem M-Tech-Klappmesser sehr massiv ausgeführt.

DATEN

Hersteller:	M-Tech, Master Cutlery, Inc.
Modell:	Rhino Folding Fighter
Klingenlänge:	108,0 mm
Klingenstärke:	3,5 mm
Klingenstahl:	440A
Gesamtlänge:	254,0 mm
Arretierung:	Liner-Lock
Gewicht:	340 g
Griff:	Stahl/G-10
Herstellungsland:	China
Versorgungsnummer:	keine (privat beschafft)

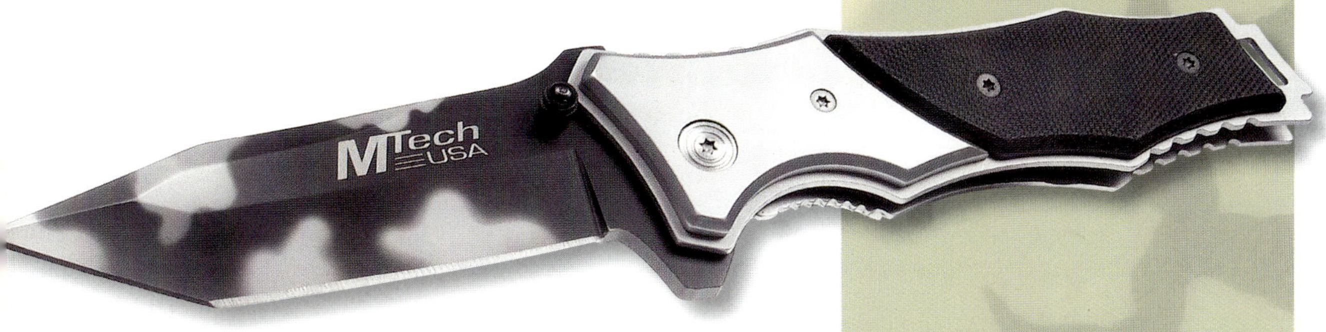

Afghanistan 2009: Ein deutscher ISAF-Soldat mit MP7-Maschinenpistole der Firma Heckler & Koch und H3 Alpha One Tactical. Das Messer sitzt zugriffsbereit in dem von der Firma 75 Tactical eigens für dieses Modell entwickelten Einsatzholster an der taktischen Weste. *(Foto: T. M.)*

POHL FORCE H3 ALPHA ONE TACTICAL

Für den Fronteinsatz konzipiert.

Das H3 Alpha One von Pohl Force wurde vor allem für den Einsatz mit Handschuhen konzipiert. Der Griff des Alpha One ist aus diesem Grund ganz bewusst größer als bei den meisten Klappmessern. Um die Rutschsicherheit zu gewährleisten, wurde die gesamte glasfaserverstärkte Zytel-Griffschale mit einer groben Reliefstruktur versehen. Das Design des Griffs erlaubt in Abhängigkeit von der Anwendungssituation vier verschiedene Griffhaltungen. Die stark ausgeprägte Zeigefingerrille verhindert ein Abrutshen der Hand auf die Klinge. Riffelungen im vorderen und hinteren Bereich des Griffrückens sorgen in Abhängigkeit von der Griffhaltung für einen festen Halt des Daumens.

Bei der Wahl der Klingenform schieden für Pohl Force extreme Tanto- oder Dolchklingen, deren Schwerpunkt im Bereich der reinen Waffennutzung liegt, von vornherein aus. Die optimale Lösung fand man in einer Spear-Point-Klinge mit leichtem Recurve-Bogen. Um das Alpha One in Survival-Situationen auch für leichtere Hackarbeiten einsetzen zu können, wurde die Klinge über elf Zentimeter lang. Damit die Klinge extreme Belastungen aushält, wurde der Rücken fünf Millimeter stark gemacht und der Klingenschliff konisch ausgeführt. Als Klingenstahl kommt 440 C zum Einsatz, der sich schon seit mehr als drei Jahrzehnten in der Messerindustrie bewährt hat und einen guten Ruf in Bezug auf Schnitthaltigkeit, Verschleißfestigkeit und Korrosionsbeständigkeit besitzt.

Es gibt viele sichere Arretierungssysteme, doch zu den bewährtesten Klingenverriegelungen gehört der sogenannte Back-Lock. Als einer von ganz wenigen Herstellern nutzt Pohl Force eine dellenförmige Sicherheitsaussparung an der Verriegelung. Diese verringert zum einen das Risiko des unbeabsichtigten Betätigens der Klingenverriegelung, zum anderen dient die Ausbuchtung gleichzeitig als tastbarer Orientierungspunkt in der Dunkelheit. Selbst mit Handschuhen spürt man die richtige Stelle zum Entriegeln. Die Klinge lässt sich auch unter Stress gefahrlos schließen. Bei richti-

Afghanistan: Pohl Force unterstützt den Einsatz deutscher ISAF-Kräfte mit dem H3 Alpha One Tactical. *(Foto: T. M.)*

Alpha One Holster in Sandfarbe.

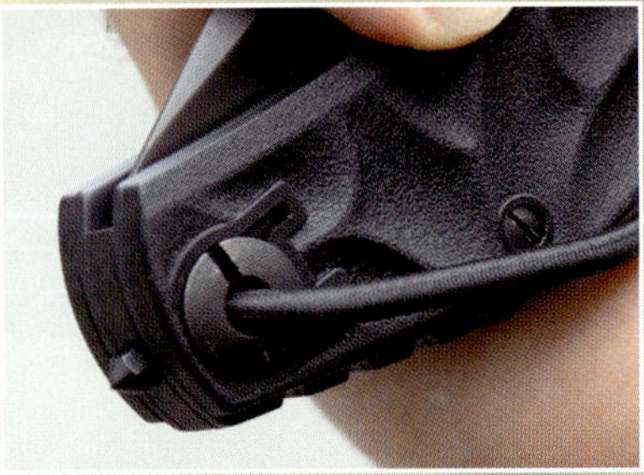

Die Version Alpha Two besitzt zusätzlich einen Glasbrecher.

Alle Schrauben beim Alpha One / Two können mit einem einfachen Schraubenzieher nachgezogen werden.

DATEN

Hersteller:	Pohl Force GmbH
Modell:	H3 Alpha One Tactical
Klingenlänge:	113,0 mm
Klingenstärke:	5,0 mm
Klingenstahl:	440C
Gesamtlänge:	260,0 mm
Arretierung:	Back-Lock
Gewicht:	288 g
Griff:	Zytel
Herstellungsland:	Taiwan
Versorgungsnummer:	keine (privat beschafft)

ger Griffhaltung fällt die Klinge auf eine dafür vorgesehene Sicherheitsaussparung, ohne den Zeigefinger zu gefährden.

Um die geforderte Stabilität zu erreichen, wurde das Alpha One mit zwei Linern aus zwei Millimeter starkem Edelstahl ausgerüstet. Aussparungen in den Platinen halten das Gewicht des Messers in einem erträglichen Rahmen. Zwei Griffachsen mit gewaltigen elf Millimetern Durchmesser sowie sechs Schlitzschrauben aus rostfreiem Stahl sorgen für den spielfreien Sitz aller Teile.

Die zwei Hohlachsen im Griff haben noch eine weitere Funktion: Die zum Lieferumfang gehörende Flexcord-Fangschnur lässt sich als Handsicherung in Extremsituationen verwenden. Dazu wird die Schnur durch beide Löcher gezogen und anschließend verknotet. Links wie rechts verläuft am Griff nun eine unter Spannung stehende Sicherung, durch die man die Hand schieben kann. Eine praktische Lösung, falls man die Hand öffnen muss, um sich zum Beispiel beim Klettern zu sichern. Das Messer bleibt automatisch an der Hand.

Der Hosenclip des Alpha One lässt sich am Griff in vier unterschiedlichen Positionen befestigen. Dadurch kann das Messer im geschlossenen Zustand mit der Klingenspitze nach oben („Ti-up“) oder nach unten („Tipdown“) getragen werden. Links- und Rechtshänder können das Messer gleichermaßen nutzen. Das Wechseln des Clips kann ganz ohne Spezialwerkzeug durchgeführt werden. Man braucht dafür nur eine Münze oder einen normalen Schlitzschraubendreher.

Die verbesserte Alpha-Version (Alpha Two, ab Ende 2009) ist auch mit einem Glasbrecher ausgestattet. Diese Änderung geht auf die Forderung von polizeilichen Spezialeinheiten zurück.

Die Größe des Alpha One / Two macht auch ein Einsatzholster notwendig. Auch hier lag ein Pflichtenheft seitens der Spezialverbände vor, die ein Einsatzholster forderten, das man an verschiedenen Teilen der Ausrüstung befestigen kann. In Zusammenarbeit mit der Firma 75 Tactical entstand daraufhin ein Einsatzholster, das auch mit Handschuhen bedient werden kann und gleichzeitig M.O.L.L.E.-adaptierbar ist. Um alle denkbaren Einsatzregionen abzudecken, wird das Holster in Schwarz, Oliv und Wüstenfarben produziert.

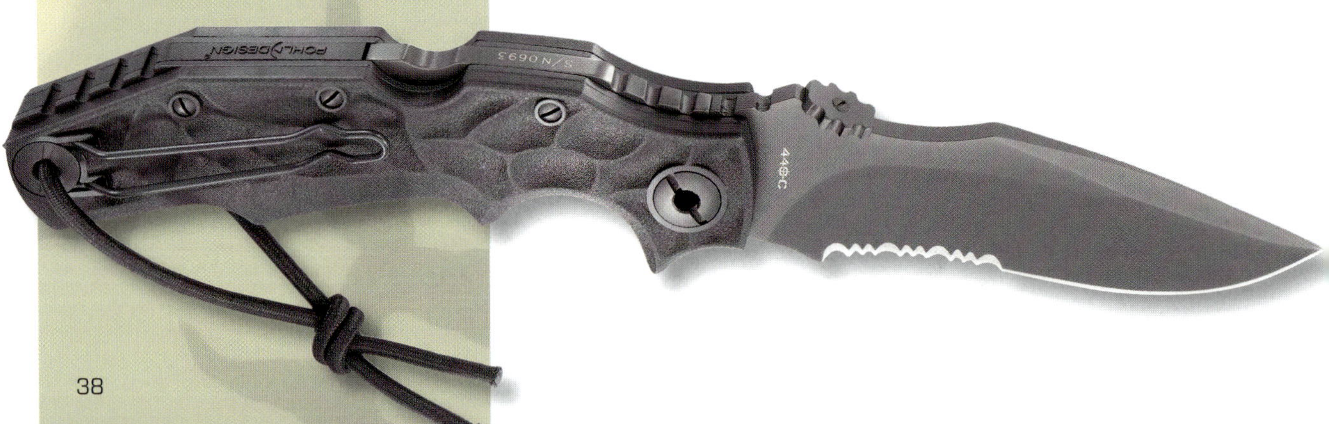

Ein deutscher ISAF-Soldat in getarnter Stellung mit G22-Scharfschützengewehr. Rechts von ihm ein H3 Alpha One Tactical. *(Foto: T. M.)*

Camp Pendleton 2009: Ein U.S. Marine zeigt sein kurz vor dem Irak-Einsatz erworbenes H3 Alpha One Tactical. *(Foto: Dan Erber)*

29. Dezember 2007: U.S. Marines des 3rd Battalion, 23rd Marine Regiment durchsuchen ein verlassenes Gebäude in den Außenbezirken von Haditha, Irak. Mit seinem M16A4-Sturmgewehr sichert dieser Marine das Vorgehen im Treppenhaus des Gebäudes. An einer seiner Magazintaschen hat er sein Smith & Wesson Extrem Ops Auto Springmesser festgemacht.

SMITH & WESSON EXTREME OPS AUTO

Auf Knopfdruck einsatzbereit.

Der größte amerikanische Schusswaffenhersteller, Smith & Wesson, hat ganz offensichtlich einen guten Ruf bei den Angehörigen der U.S. Army, denn nicht wenige Soldaten vertrauen auf die S&W-Messer, die in Lizenz von der Firma Taylor Brands hergestellt werden. Gut möglich, dass es auch am Preis-Leistungs-Verhältnis der Messer liegt: Das im Foto an den M.O.L.L.E-Schlaufen der taktischen Einsatzweste getragene Automatikmesser mit der Modellnummer SW50BS kostet in amerikanischen Onlineshops gerade mal 40 Dollar. Und wie nicht anders denkbar, setzt dieser Marineinfanterist auch bei seiner Oakley-Sonnenbrille auf US-Firmen.

Die pulverbeschichtete Drop-Point-Klinge (die Automatik-Serie umfasst auch Tanto-Klingen und unbeschichtete Modelle) ist über das vordere Drittel des Klingenrückens hinweg mit einer ungeschärften falschen Schneide versehen. Das lässt einen feinen Ausschliff des Spitzenbereichs zu: Gut für feine Schneidaufgaben und Arbeiten mit der Spitze. Das Modell wird mit glatter Klinge und halbem Wellenschliff hergestellt. Die Klingenachse und der Griff sind mit Torx-Schrauben fixiert, für die Griffschalen kommt hoch belastbares 6061-T6 Aluminium zum Einsatz.

Im Inneren des Griffs (eingehakt in die Klingenachse) findet sich eine kräftige Spiralfeder, die bei eingeklappter Klinge unter Spannung steht. Durch Drücken des Knopfs wird die Verriegelung zur Seite geschoben, und die Klinge schnellt seitlich aus dem Griff. Sie arretiert in geöffnetem Zustand per Button-Lock. Durch Drücken des Bolzens wird die Klinge entriegelt und kann gegen die Federspannung wieder eingeklappt werden.

Die in den Griff eingefrästen Längsrillen und die Fingermulden vermitteln ein sicheres Griffgefühl. Auf der Griffrückseite ist ein Stahl-Clip angebracht, der das Extreme Ops Auto mit der Spitze nach unten (Tip-down) an der Kleidung oder Ausrüstung hält. Der Clip ist nicht umsetzbar und auf Rechtshänder ausgelegt.

Für einen relativ günstigen Preis bietet das Extreme Ops Auto einen hohen Gegenwert. Da viele Soldaten auf dem Standpunkt stehen, dass eigentlich der Dienstherr für die Ausrüstung verantwortlich ist, geben die wenigsten viel Geld für teure Messer aus, die im Einsatz auch gerne einmal verloren gehen.

Deutlich ist der silberfarbene Auslöser der Klinge beim Smith & Wesson Extreme Ops Auto zu erkennen.

DATEN

Hersteller:	Smith & Wesson/Taylor Brands LCC.
Modell:	SW50BS
Klingenlänge:	83,0 mm
Klingenstärke:	3,5 mm
Klingenstahl:	440C
Gesamtlänge:	198,0 mm
Arretierung:	Button-Lock
Gewicht:	–
Griff:	Aluminium
Alternativen:	Tanto
Herstellungsland:	China
Versorgungsnummer:	keine (privat beschafft)

Bagdad, Februar 2008: Im Schutz ihres M1126 Stryker ICV Radschützenpanzers bereiten sich Infanteristen des 1st Battalion „Tomahawk", 23rd Infantry Regiment darauf vor, ein Haus zu stürmen, in dem sie feindliche Kämpfer vermuten. Gerade ist dieser G.I. dabei, den 20-mm-Granatwerfer M203, der sich unter seinem 5,56-mm-M4A1-Gewehr befindet, mit einer Sprenggranate zu laden. An seiner Schutzweste trägt er ein S&W-Springmesser Auto Opening SWAT 4.

SMITH & WESSON AUTO OPENING SWAT 4

Schneller Einsatzhelfer für Profis.

In zahlreichen Bundesstaaten der USA sind der Erwerb und der Besitz von Automatikmessern nur bestimmten Berufsgruppen erlaubt. Dazu gehören Mitglieder von Strafverfolgungsbehörden (Law Enforcement Officers), Feuerwehrleute, Rettungsdienstpersonal sowie aktive Militärangehörige. Das Auto Opening SWAT 4 ist nur für diese Zielgruppen erhältlich.

Bei dem Modell, das im Foto auf Brustbeinhöhe unterhalb des Colt-Sturmgewehrs mit montiertem M203-Granatwerfer angeclippt zu sehen ist (neben dem Cordura-Etui), handelt es sich um die Automatikversion des Medium SWAT 4 von Smith & Wesson. Dank des voluminösen Aluminiumgriffs, der zum Schutz vor Kratzern mit einer matten Chromschicht versehen ist, und der vier Kraton-Einlagen liegt das Auto Opening SWAT 4 gut und sicher in der Hand. An der Grifföse kann man einen Fangriemen befestigen. Der schlanke Clip reicht etwas über die Hälfte der Grifflänge. Er ist mit zwei Aussparungen versehen und mit drei Torx-Schrauben an den Aluminiumgriffschalen befestigt. Das Messer ist mit Inbusschrauben verschraubt und kann zur Reinigung (oder zum Austausch der Feder) zerlegt werden.

Der Klingenstahl ist rostbeständiger 440C. Der Klingenrücken, der zur Spitze hin mit einer falschen Schneide versehen ist, senkt sich bogenförmig herab (Drop-Point). Zur Verbesserung der Schneideigenschaften wählte Smith & Wesson einen Hohlschliff. Das Satin Finish macht die Klinge im Einsatz sehr pflegeleicht. Leichte Roststellen lassen sich so ohne Probleme wegpolieren. Ein Nachteil von gestrahlten Klingen, bei denen man sofort weniger schöne blanke Stellen sieht. Recht nahe am Griff ist eine mit mehreren Kerben versehene Daumenrampe angebracht, die das kontrollierte Schneiden nochmals sicherer macht. Der einseitig überstehende Daumenstift ist auf die Öffnungsgewohnheiten von Rechtshändern ausgerichtet. Zum automatischen Ausklappen der Klinge muss ein versteckter Entriegelungsknopf unter der vorderen Griffeinlage gedrückt werden.

Als taktisches Einsatzmesser mit Springmechanismus ist das preisgünstige Smith & Wesson-Modell recht beliebt. Obwohl das Design nicht mehr ganz topaktuell ist, gehört es noch lange nicht zum sprichwörtlichen alten Eisen.

Dieses Modell aus der S.W.A.T.-Reihe von Smith & Wesson ist mit einer einteiligen Griffeinlage aus Kraton versehen.

DATEN

Hersteller:	Smith & Wesson/Taylor Brands LCC.
Modell:	Auto Opening SWAT 4
Klingenlänge:	81,0 mm
Klingenstärke:	3,5 mm
Klingenstahl:	440C
Gesamtlänge:	183,0 mm
Arretierung:	Liner-Lock
Gewicht:	–
Griff:	Aluminium
Herstellungsland:	China
Versorgungsnummer:	keine (privat beschafft)

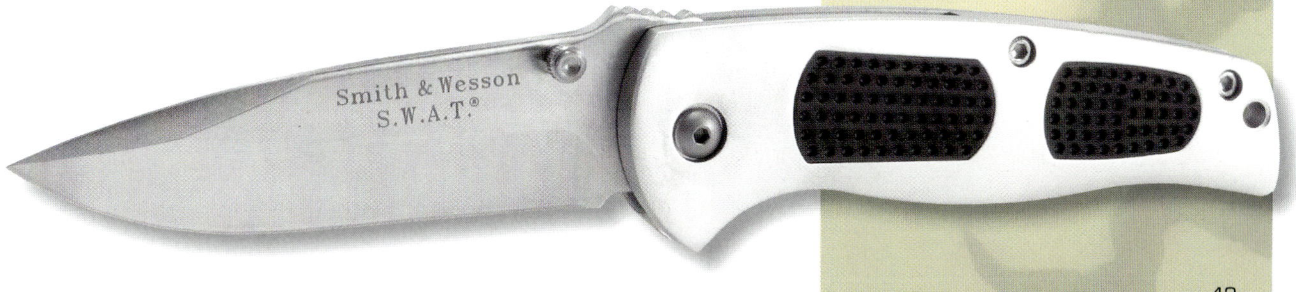

Die Infanteriegruppen der U.S. Army werden als Squads bezeichnet. Sie sind neun Soldaten stark und bestehen neben dem Gruppenführer aus zwei Fire Teams à vier Soldaten. Jedes Fire Team besteht aus einem Team Leader und einem Gewehrschützen, einem Grenadier und einem MG-Schützen. Bei diesem Private First Class handelt es sich um den MG-Schützen eines Fire Teams der B Company, 1st Battalion, 35 Armor Regiment „Iron Knights." Zu seiner Bewaffnung zählt auch ein SOG-Einhandklappmesser Trident Tigerstripe.

SOG TRIDENT TIGERSTRIPE

Extrem schneller und scharfer Tiger.

Das Trident der amerikanischen Firma SOG gilt als zuverlässiges und funktionelles Messer. Die Klinge muss zunächst manuell ein kleines Stück aus dem Griff herausgeschoben werden, bevor der S.A.T.-Federmechanismus (SOG Assisted Technology) einsetzt und die Klinge heraus katapultiert. Per beidseitigem Daumenstift, der zugleich Anschlag der Klinge ist, kann das Trident einhändig bedient werden. Arretiert wird die Klinge in ausgeklapptem Zustand durch den Arc-Lock, bei dem sich ein seitlich positionierter Bolzen federunterstützt hinter die Klingenwurzel schiebt. Ein zuverlässiger und bewährter Arretierungsmechanismus, der sich auch leicht wieder entriegeln lässt, von Rechts- wie von Linkshändern. Um ein unbeabsichtigtes Öffnen der Klinge zu verhindern, kann eine Schiebesicherung eingelegt werden – erst wenn sie auf rot steht, ist das Trident bereit zum „Feuern".

Für die Klinge kommt japanischer AUS-8-Stahl zum Einsatz, der unter anderem 0,7 Prozent Kohlenstoff und 14 Prozent Chrom enthält und schnitthaltig sowie rostträge ist. Von der Spitze bis zum Griff misst die Klinge 9,5 Zentimeter, beinahe genauso lang ist die zur Verfügung stehende Schneide. Die maximale Klingenstärke liegt bei 3,2 Millimetern. Die lang gezogene Daumenrampe ist mit einer gemäßigten Riffelung versehen. Von der Kante aus verläuft der Klingenrücken leicht Entenschnabel-förmig bis zur scharfen und relativ feinen Spitze. Die abriebfeste Titan-Nitrid-Beschichtung, die stellenweise behandelt wurde, um den Tigerstripe-Effekt zu erzielen, schützt die Klinge vor Rostbefall. Das Trident Tigerstripe gibt es ausschließlich mit partiellem Wellenschliff.

Der knapp über zwölf Zentimeter lange Griff besteht aus Zytel, einem glasfaserverstärkten Kunststoffmaterial. Die Seitenflächen sowie die Kantenbereiche nahe den Griffenden sind strukturiert beziehungsweise mit einer Riffelung versehen, um die Griffsicherheit zu erhöhen. Als Zusatzausstattung besitzt das Messer eine Leinenkappfunktion. Dazu muss die Klinge nicht herausgeklappt werden. Ein schräg in Richtung Griffende verlaufender Schlitz im Griff reicht bis zur Schneide.

Sehr gut gelungen ist der von SOG entwickelte und zum Patent angemeldete Clip mit Bajonettverschluss, der mit wenig Aufwand umgesetzt werden kann. Zusammen mit dem beidseitigen Öffnungsstift, der Federunterstützung und dem Arc-Lock ist das Trident ein für Rechts- und Linkshänder gleichermaßen gebrauchstaugliches Messer.

Die Klinge kann dank des Schlitzes im Griff als Leinencutter verwendet werden.

DATEN

Hersteller:	SOG Specialty Knives & Tools, LCC.
Modell:	Trident Tigerstripe TF-3
Klingenlänge:	95,0 mm
Klingenstärke:	3,2 mm
Klingenstahl:	AUS-8
Gesamtlänge:	216,0 mm
Arretierung:	Arc-Lock
Gewicht:	102 g
Griff:	Zytel
Herstellungsland:	USA
Versorgungsnummer:	keine (privat beschafft)

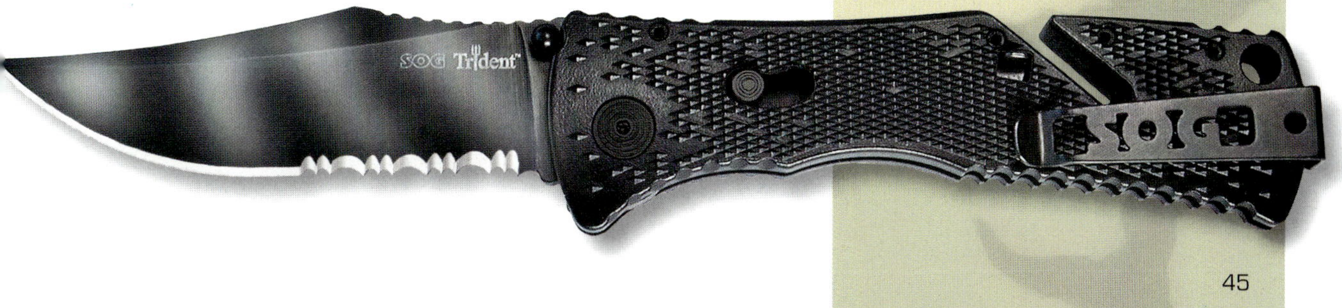

FESTSTEHENDE MESSER

Mit seinem Blackwater Combat Knife zeigt Sergeant Martinez beim Debriefing Staff Sergeant Perryman, wo seine Patrouille Feindkontakt hatte. Beide Soldaten gehören zur A Company des 1st Battalion, 38th Infantry Regiment „Rock of the Marne“. Anfang 2008 kam das Bataillon in Baqubah zum Einsatz. Die Lage in der Stadt war gespannt. Fast täglich kam es zu Gefechten sunnitischer und schiitischer Milizen untereinander oder mit den irakischen Sicherheitskräften und den amerikanischen Truppen.

Irak, Dezember 2007. Die U.S.-Streitkräfte geben ballistische Schutzbrillen an ihre Soldaten aus, die kleine Metallsplitter und sogar Schrotkugeln stoppen können und so das Augenlicht schützen. Die Brillen können mit klaren oder getönten Gläsern versehen werden. Dieser Marine trägt ein Modell von Eye Safe Systems Incorporated (ESS). Bei der Wahl des Messers hat er sich für das Offsider-Kampfmesser der Benchmade Knife Company entschieden.

BENCHMADE FECAS OFFSIDER

Formschöner Außenseiter für den Fronteinsatz.

Der Griff des Offsider-Messers im Foto links war auch mal schwarz, doch der feine Wüstenstaub setzt sich einfach überall fest. Er wirkt wie feines Sandpapier, mit dem man die Oberflächen ständig bearbeitet. Die Ausrüstung, egal ob Metalle, Kunststoffe oder Webstoffe, ist dadurch extremen Belastungen ausgesetzt. Entworfen wurde das Benchmade Offsider vom Messermacher Steve Fecas, der aus den Südstaaten der USA stammt und seit den 70er Jahren Messer baut. Das Offsider ist ein gewaltiges Kampfmesser, allein die Klinge ist knapp über 18 Zentimeter lang. Die Gesamtlänge liegt bei stattlichen 33 Zentimetern.

Die dolchartige, modifizierte Spear-Point-Klinge ist bis zu 5,6 Millimeter stark und besteht aus rostfreiem 440C-Stahl, der auf 58 bis 60 HRC gehärtet ist. Steve Fecas legt bei den von ihm entwickelten Messern Wert auf eine außergewöhnliche Formgebung, so auch beim Offsider: Der schräge Griffabschluss, die angedeutete Hohlkehle und die ausgeprägte falsche Schneide sprechen eine deutliche Design-Sprache. Die Klingenangel reicht in voller Breite und Stärke durch den thermoplastischen Kunststoffgriff. Die dadurch erreichte Stabilität ist enorm.

Die Oberflächenstrukturierung des Griffs und die eingekerbten Griffkanten sorgen dafür, dass das Messer auch bei Nässe sicher in der Hand liegt. An der Öse des abgebildeten Messers wurde ein kunstvoll geknüpfter Lanyard aus orangefarbenem Paracord befestigt, der aber nicht serienmäßig mit dem Messer geliefert wurde.

Im Inneren der Cordura-Scheide ist eine passgenaue Kunststoffeinlage angebracht, die das Messer zusätzlich zum Riemen sichert. Eine geräumige und per Klettverschluss-Lasche verschließbare Vortasche nimmt ein kleines Tool, Schleifsteine oder sonstiges kleines Equipment auf. Zwei rückseitig angebrachte Klett-Schlaufen und eine Öse an der Spitze der Scheide erlauben vielfältige Befestigungsmöglichkeiten. Aufgrund der Gesamtgröße bietet sich aber die Trageweise am Oberschenkel an.

Besonders lange war das Offsider, das zur „Red Class“ von Benchmade gehört und in Fernost gefertigt wurde, nicht im Lieferprogramm. Vielleicht traf das große und mit über 350 Gramm Gewicht auch nicht gerade leichte Kampfmesser doch nicht den Nerv der militärischen Käuferschaft – trotz oder gerade wegen seines eleganten Aussehens. Schade eigentlich, denn das Offsider überzeugt durch viele kleine Details. Derjenige, der noch eins bekommen konnte, hat bereits jetzt einen jungen Klassiker.

Durch die stattliche Gesamtlänge des Offsider steht die Scheide über die Weste nach oben hinaus.

Die serienmäßige Cordura-Scheide kann einen Schleifstein aufnehmen.

DATEN

Hersteller:	Benchmade Knife Company, Inc.
Modell:	Fecas Offsider
Klingenlänge:	181,0 mm
Klingenstärke:	5,6 mm
Klingenstahl:	440C
Gesamtlänge:	331,0 mm
Gewicht (mit/ohne Scheide):	–/350 g
Griff:	thermoplastischer Kunststoff
Scheide:	Cordura
Herstellungsland:	Taiwan
Versorgungsnummer:	keine (privat beschafft)

Bei 1st Lieutenant Hoyle handelt es sich um den Zugführer eines Infanteriezugs des 1st Battalion, 38th Infantry Regiment. Anfang 2008 operierte seine Brigade im Raum Baqubah im Irak. An seiner ballistischen Schutzweste trägt 1st Lieutenant Hoyle ein Benchmade Nimravus.

BENCHMADE NIMRAVUS

Das kleine Schwarze für taktische Anlässe.

Aus der Benchmade „Black Class" für professionelle Anwender stammt das Modell Nimravus, das auf dem Foto links in der M.O.L.L.E.-kompatiblen Scheide an der taktischen Einsatzweste getragen wird. Das Nimravus wurde vom bekannten US-Messermacher Allen Elishewitz für Benchmade entwickelt und war das erste feststehende Messer im Benchmade-Programm – anfangs noch mit G-10-Schalen und einer Klinge aus M2-Werkzeugstahl.

Mit einer Klingenlänge von 11,4 Zentimeter ist das Nimravus zwar kein ausgewachsenes Kampfmesser, und auch die maximale Klingenrückenstärke von 2,9 Millimetern ist im Vergleich zu anderen Einsatzmessern eher dezent gewählt. Dennoch ist das Nimravus kaum zu schlagen, wenn es um Manövrierbarkeit und gute Schneideigenschaften geht. Es gibt zwei Klingenversionen: Das Modell 140 BK ist mit einer modifizierten Tantoklinge und falscher Schneide am Klingenrücken ausgestattet, das Modell 141 BK mit einer stabilen Tantoklinge.

Bei beiden Messern ist die Anschliffkante herabgesetzt, so dass die Klingenstärke von 2,9 Millimetern über zirka ein Drittel der Klingenbreite bestehen bleibt. Das macht die etwas geringe Ausgangsstärke wieder wett. Der flache Anschliff ist gut für drückende und ziehende Schneidbewegungen geeignet. Die Klingen – es wurde 154-CM und D2-Werkzeugstahl verwendet – sind mit der BT-Teflon-Beschichtung von Benchmade versehen, die die Reibung verringert und Reflexionen vermeidet. Die Klingen gibt es mit partiellem Wellenschliff oder glatter Schneide.

Inzwischen wird der mit Querrillen versehene Griff aus 6061-T6-Aluminium gefertigt. Die Angel geht in voller Stärke bis über die Griffschalen hinaus. Der überstehende Teil formt eine Fangriemenöse aus und kann auch als Schlaghilfe benutzt werden. Die Nylonscheide kann an taktischer M.O.L.L.E.-Ausrüstung, aber auch am Koppel befestigt werden. Eine Kydex-Einlage schützt den Träger vor der scharfen Klinge. Alternativ ist die Scheide in verschiedenen Farben (auch ACU) erhältlich. Eine passende Kydex-Scheide und G-10-Griffschalen sind ebenfalls für dieses handliche Gebrauchsmesser zu haben. Interessant in diesem Zusammenhang ist auch die leicht modifizierte Nimravus-Variante, die für die Firma Blackwater Gear hergestellt wurde. Wichtigste Unterscheidungsmerkmale zum Benchmade Modell waren die Griffschalen mit integriertem Blackwater-Logo und der zusätzliche Wellenschliff auf dem Klingenrücken.

Das Benchmade Nimravus mit G-10 Beschalung und Kydex-Scheide.

Das Nimravus kann auch in einer Cordura-Scheide getragen werden.

DATEN

Hersteller:	Benchmade Knife Company, Inc.
Modell:	Nimravus
Klingenlänge:	114,0 mm
Klingenstärke:	2,9 mm
Klingenstahl:	154-CM oder D2
Gesamtlänge:	240,0 mm
Gewicht (mit/ohne Scheide):	–/–
Griff:	Aluminium 6061-T6
Scheide:	Nylon oder Kydex
Alternativen:	Tanto, modifiz. Tantoklinge, Blackwater Gear
Herstellungsland:	USA
Versorgungsnummer:	NSN 1095-01-466-8569

Teil der Bewaffnung dieses amerikanischen Fallschirmjägers der 82nd Airborne Division „All American" ist ein Presidio-Kampfmesser von Benchmade. Das Foto enstand im März 2007 in Kadamiyah, einem Stadtteil von Bagdad. Die 82nd Airborne Division „All American" gehört zu den schnellen Einsatzkräften der U.S. Army.

BENCHMADE FIXED PRESIDIO

Modernes Einsatzmesser für viele Anwendungsbereiche.

Das Design des Modells Fixed Presidio stammt von der amerikanischen Messermacherlegende Warren Osborne, der zum festen Stamm der Benchmade-Designer gehört. Das schwere Einsatz- und Kampfmesser zielt vor allem auf die militärische Kundschaft ab. Die modifizierte Clip-Point-Klinge besteht aus rostfreiem 154-CM-Stahl des amerikanischen Herstellers Crucible Steel. Die Klinge ist auf 58 bis 60 Grad Rockwell C gehärtet.

Warren Osborne legt bei seinen Einsatzmessern besonderen Wert auf eine gute Handlage, was man dem Fixed Presidio auch anmerkt. Der Griff aus CNC-gefrästem 6061-T6-Aluminium wurde mit symmetrischen Riffelungen angefräst, die eine extrem sichere Handlage garantieren. Zur Mitte hin steigt das Volumen an, wodurch die Hand gut ausgefüllt ist. Den Abschluss der Griffschale bildet eine Fangriemenöse. Die Schalen sind aufgeschraubt und können bei Bedarf demontiert werden. Um ein Abgleiten der Hand auf die Klinge zu verhindern, wurde das Messer mit einem ausgeprägten Handschutz und einer aggressiv geriffelten Daumenauflage versehen.

Die fast 16 Zentimeter lange Klinge ist aufgrund ihrer Stärke von 4,6 Millimetern sehr belastbar. Zum Schutz vor Korrosion und unerwünschten Reflexionen ist die Klinge einschließlich Erl mit einer mattschwarzen BK-Schicht überzogen. Um den Einsatzwert des Fixed Presidio nochmals zu erhöhen, verfügt das Messer über insgesamt zwei Wellenschliffe. Nummer eins ist direkt am Klingenansatz hinter dem Handschutz eingeschliffen. Nummer zwei hinter der Spitze am Klingenrücken. Eine außergewöhnliche Position, die man aber schon bei anderen Messern gesehen hat, wie zum Beispiel beim Buckmaster der Firma Buck.

Zum Messer gehört eine Multi-Function-Soft-ADC-Scheide, die von der Firma Eagle Industries produziert wird. Im Inneren der Cordura-Scheide ist eine passgenaue Kunststoffeinlage angebracht, die das Messer zusätzlich zur Griffschlaufe (mit Druckknopf-Verschluss) sichert. Die Scheide kann an M.O.L.L.E.-Westen befestigt werden oder auch ganz klassisch am Oberschenkel. Benchmade stattet die ADC-Scheide zusätzlich mit Malice-Clips der Firma Tactical Tailor sowie einem Cordura-Verlängerungselement aus, mit dem man die Scheide auch tiefer als üblich am Oberschenkel tragen kann, damit man keine Probleme mit der schweren Schutzausrüstung bekommt. Kleine Details, die aber das durchdachte Gesamtkonzept des Messers erkennen lassen.

Die Scheide des Fixed Presidio liefert der amerikanische Hersteller Eagle Industries, der auf langjährige Erfahrungen in diesem Bereich zurückblicken kann.

CNC-gefrästes 6061-T6 Aluminium dient beim Fixed Presidio als Griffmaterial.

DATEN

Hersteller:	Benchmade Knife Company, Inc.
Modell:	Fixed Presidio
Klingenlänge:	157,0 mm
Klingenstärke:	4,6 mm
Klingenstahl:	154-CM
Gesamtlänge:	285,0 mm
Gewicht (mit/ohne Scheide):	–/281 g
Griff:	Aluminium 6061-T6
Scheide:	Cordura
Herstellungsland:	USA
Versorgungsnummer:	keine (privat beschafft)

Auf dem Schulterteil seiner Schutzweste hat dieser U.S. Marine ein SRK von Cold Steel festgebunden. Der Soldat gehört zu einer Patrouille des 3rd Battalion, 23rd Marine Regiment und ist mit einem leichten Maschinengewehr M249 SAW bewaffnet. Anfang 2008 war das Bataillon für die Sicherheit in der irakischen Stadt Haditha zuständig.

COLD STEEL SURVIVAL RESCUE KNIFE

Kräftiges Einsatzmesser für viele Anforderungen.

Das SRK (Survival Rescue Knife) der amerikanischen Firma Cold Steel ist ein feststehendes Messer, das aufgrund seiner hohen Qualität viele Anhänger hat. Auch die U.S. Navy Seals haben dieses Messer im Gebrauch. Bis vor wenigen Jahren wurde das SRK in den USA gefertigt, als Klingenstahl kam der feinkörnige, aber nicht rostfreie Carbon-V-Stahl zum Einsatz. Seit einiger Zeit wird das Vollangelmesser, wie große Teile von Cold Steels Produktlinie, in Japan hergestellt. Für die Klinge und die Angel kommt nun japanischer AUS-8-Stahl zum Einsatz.

Bei der Konstruktion des Messers wurde darauf geachtet, dass es ausreichend stabil für den harten Gebrauch ist. Die Bowie-Klinge des SRK ist knapp fünf Millimeter stark. Die Anschliffkante liegt zirka einen Zentimeter unterhalb des Klingenrückens. Das führt dazu, dass die maximale Klingenstärke über große Teile der Klinge erhalten bleibt. Auch die Spitze, bei Bowiemessern sonst häufig recht dünn, ist sehr stabil. Die Klinge ist mit einer schwarzen Teflon-Beschichtung versehen. Auch unterhalb des stark strukturierten Kraton-Griffs ist der Erl mit Teflon beschichtet.

Das gummiartige Material des Griffs fasst sich sehr gut an und gibt der Hand auch bei Nässe sicheren Halt. Der Fingerschutz ist einseitig ausgeführt. An der mit Messing eingefassten Öse am Griffende lässt sich eine Handschlaufe befestigen. Die ist nützlich, wenn man das Messer zum Beispiel beim Hacken vor dem Herausrutschen aus der Hand sichern will. Gleich mehrfach hat der Soldat auf dem Foto links sein Survival Rescue Knife gesichert. Durch die Ösen und Durchbrüche entlang des Scheidenrands wurde Paracord gezogen, um das Messer an den M.O.L.L.E.-Schlaufen zu befestigen. Die breite Gürtelschlaufe ist mit Klettverschluss und einem Druckknopf versehen – diese doppelte Sicherung der Gürtelaufhängung war einer der Wünsche, die die U.S. Navy Seals geäußert hatten. In der Scheide hält das Messer dadurch, dass der Kunststoffabschluss hinter dem Fingerschutz einklappt. Zusätzlich kann der Griff mit einem Riemen mit Druckknopf gesichert werden.

Das 220 Gramm schwere SRK ist ein vielfältig nutzbares und hochbelastbares Messer, das nicht nur in Kriegsgebieten, sondern auch im zivilen Einsatz bei Outdoor-Touren seine Vorzüge zeigt.

Durch die Noppen und Riffelungen liegt das SRK extrem sicher in der Hand.

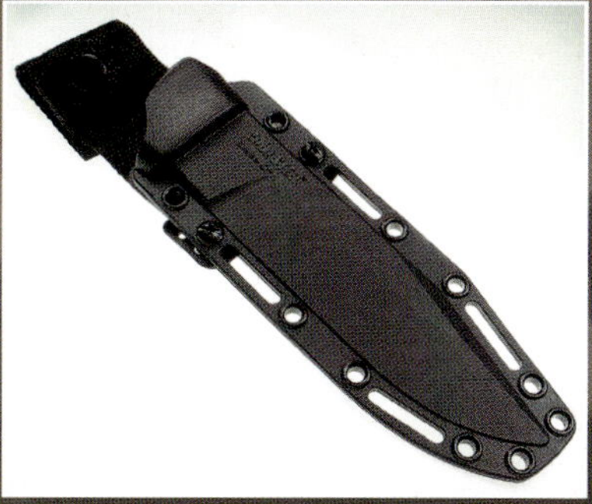

Das Cold Steel SRK wird standardmäßig mit Kydex-Scheide ausgeliefert.

DATEN

Hersteller:	Cold Steel, Inc.
Modell:	SRK
Klingenlänge:	152,0 mm
Klingenstärke:	4,8 mm
Klingenstahl:	AUS-8
Gesamtlänge:	273,0 mm
Gewicht (mit/ohne Scheide):	300/220 g
Griff:	Kraton
Scheide:	Secure-Ex
Herstellungsland:	Japan
Versorgungsnummer:	keine (privat beschafft)

Dieser Angehörige der Spanischen Legion ist mit einem CETME LC Sturmgewehr im Kaliber 5,56 x 45 mm bewaffnet. Viele Nationen, darunter auch Spanien, entsandten 1999 Elitetruppen als Teil von KFOR in den Kosovo, die dort Sicherheit und Ordnung wieder herstellen sollten. Das spanische KFOR Kontingent unterstand der von Italien geführten Multinational Brigade West und operierte östlich von Pec.

COLD STEEL TERMINATOR

Kompakte Waffe für den Kampfeinsatz.

Bei dem Messer, das der spanische Fremdenlegionär an seiner ballistischen Weste befestigt hat, handelt es sich um einen Stoßdolch der Firma Cold Steel. Die amerikanische Firma Cold Steel wurde insbesondere durch ihre Tanto-Messer bekannt und hat im Laufe ihres Bestehens einige, inzwischen legendäre Messer hergestellt, die weit über japanische Klingenformen hinausgehen: das Tai-Pan, SRK, Laredo Bowie und andere. Den im Bild gezeigten Stoßdolch mit der Bezeichnung Terminator stellt das Unternehmen schon seit Jahren nicht mehr her. Er wurde durch die Modelle Safekeeper und Safemaker ersetzt. Die meisten Cold-Steel-Messer werden in Japan gefertigt, aber seit einigen Jahren wird auch der Produktionsstandort Taiwan für preiswertere Modelle genutzt.

Der großzügig ausgelegte Griff aus weichem Kraton-Gummi lässt die Hand förmlich mit dem Messer verschmelzen, was auch die Gefährlichkeit dieses Messertyps ausmacht. Die rautenförmige Oberfläche des Gummis erhöht zusätzlich die Rutschfestigkeit, selbst bei nassen Händen. Durch den um 90 Grad abgewinkelten Griff bleibt das Einsatzspektrum des Terminators allerdings sehr begrenzt. Mehr als Zustoßen ist bei dieser Konstruktion eigentlich nicht möglich, womit nur die reine Waffennutzung bleibt.

Für die hohl geschliffene Klinge kam laut Hersteller japanischer AUS-6 zum Einsatz, der zirka 0,6 Prozent Kohlenstoff und 14 Prozent Chrom enthält. Er gilt als mäßig schnitthaltig (ähnlich 440A), ist aber leicht nachzuschärfen, nicht besonders bruchanfällig und stark rostträge. Die dolchförmige Klinge mit schmaler Hohlkehle in der Mitte ist hohlgeschliffen und mit einem fein gebürsteten Oberflächenfinish versehen.

Durch die kompakte Form lässt sich das Messer insbesondere verdeckt gut führen. Die im Bild gezeigte Lederscheide lässt eine sinnvolle Trageweise mit dem Griff nach unten eigentlich nicht zu, da es bei der ursprünglichen Ausführung keine Sicherungslasche gab. Der auf der Rückseite der Lederscheide angebrachte Stiefelclip erlaubte ohnehin nur eine eingeschränkte Trageweise. Aber wie man sieht, weiß man sich durch den Einsatz von Klebeband zu helfen. Improvisieren gehört einfach zum Soldatenleben. Später wurde die Lederscheide durch eine Kydex-Ausführung ersetzt.
In Deutschland sind übrigens Stoßdolche schon seit Jahren verboten.

Cold Steel Terminator – eine reine Waffe.

Zum Lieferumfang der ersten Terminatorgeneration gehörte diese Lederscheide.

DATEN

Hersteller:	Cold Steel, Inc.
Modell:	Terminator
Klingenlänge:	85,0 mm
Klingenstärke:	5,0 mm
Klingenstahl:	AUS-6
Gesamtlänge:	145,0 mm
Gewicht (mit/ohne Scheide):	120/180 g
Griff:	Kraton
Scheide:	Leder
Herstellungsland:	Japan
Versorgungsnummer:	keine (privat beschafft)

Immer wieder setzten die U.S. Streitkräfte während des Irak- Krieges neue Waffen, Ausrüstung und Gerät ein. Die im Zuge des Land-Warrior-Programms entwickelte neue Infanteriegefechtsausstattung wurde ab 2007 im Irak vom 4th Battalion „Manchus", 9th Infantry Regiment, unter Gefechtsbedingungen erprobt. Dazu gehören unter anderem auch Videoaufklärungsmittel und Wärmebildgeräte. Zusätzlich enthält die Ausrüstung dieses „Manchus" auch ein A.B.C. Operator's Einsatzmesser von CRKT.

CRKT A.B.C.'S OPERATOR'S MODEL

Für den Land- und Taucheinsatz geeignet.

Die A.B.C.-Serie der Firma CRKT umfasst zwei Messer: Das auf dem Foto getragene Operator's Modell mit Tanto-Klinge und das Aqua mit nicht geschärfter Meißelspitze. Entwickelt wurden die beiden Messer vom Messermacher Jim Hammond, der bereits seit 1994 mit CRKT zusammenarbeitet.

Als erste der beiden Ausführungen entstand das A.B.C. Aqua. A.B.C. steht für „All Bases Covered", was darauf anspielt, dass das Messer nicht nur an Land, sondern auch unter Wasser ein verlässlicher Begleiter ist. Für die 9,5 Zentimeter lange Klinge kommt bei beiden Messern japanischer AUS-8-Stahl zum Einsatz. Das A.B.C. Aqua ist mit einer beidseitig konisch geschliffenen und am Klingenrücken mit einer langen Sägezahnung versehenen Klinge ausgestattet. Der breite Mittelgrat ist vier Millimeter stark, was das A.B.C. extrem stabil macht. Um Beschädigungen an Schlauchboten oder anderem Tauchequipment zu verhindern, um Verletzte in Rettungssituationen nicht zusätzlich zu gefährden und um hebeln zu können, ist das Ende der Klinge meißelförmig angeschliffen, aber nicht geschärft.

Das Operator's Model ist mit einer spitz zulaufenden Tanto-Klinge versehen und gestattet auch den Einsatz als Waffe. Es ist ebenfalls beidseitig konisch geschliffen, der wellengeschliffene Teil des Klingenrückens ist jedoch um einiges kürzer als beim Aqua-Modell. Zur Spitze hin ist der Klingenrücken mit einer falschen Schneide versehen. Auch bei diesem Modell beträgt die maximale Stärke der Klinge und Angel vier Millimeter.

Beide Messer sind mit einer schwarzen Titan-Nitrid-Beschichtung überzogen. Interessant in diesem Zusammenhang ist unter anderem, dass die Klinge vor dem Beschichten auf Hochglanz poliert wird, um den Stahl korrosionsfester zu machen. Die strukturierten Zytel-Griffschalen sind mit dem skelettierten Erl verschraubt und auswechselbar (schwarz und signalgelb). Insgesamt drei Fingermulden geben den Fingern der messerführenden Hand sicheren Halt. Am Griffende befindet sich eine Fangriemenöse. Die Grifflänge beträgt 12,1 Zentimeter.

Die unter 100 Gramm leichte Zytel-Scheide kann dank eines starken Clips und einer Vielzahl von Ösen auf vielfältige Weise an der Kleidung, Ausrüstungswesten, Rucksäcken oder der Tauchausrüstung befestigt werden. Über Chicago-Schrauben lässt sich der Halt des Messers in der Scheide an die individuellen Bedürfnisse anpassen.

Das A.B.C. ist mit zwei verschiedenen Klingenformen erhältlich.

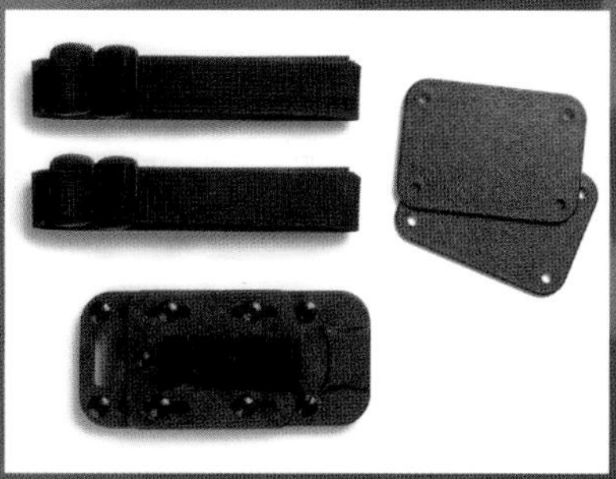

Die A.B.C.-Scheide gestattet viele Befestigungsmöglichkeiten.

DATEN

Hersteller:	Columbia River Knife & Tool
Modell:	A.B.C. Operator's Model
Klingenlänge:	95,0 mm
Klingenstärke:	4,0 mm
Klingenstahl:	AUS-8
Gesamtlänge:	216,0 mm
Gewicht (mit/ohne Scheide):	220/120 g
Griff:	Zytel
Scheide:	Zytel
Alternativen:	A.B.C. Aqua
Herstellungsland:	Taiwan
Versorgungsnummer:	keine (privat beschafft)

Am 15. Dezember 2005 wurden im Irak erstmals Parlamentswahlen durchgeführt. In Al Karmah nördlich von Fallujah, sorgten die Marines der G Company „Raiders“, 2nd Battalion, 2nd Marine Regiment, während der Wahl für Ruhe und Ordnung. Dieser Marine führt ein Corkum First Strike Kampfmesser.

CRKT CORKUM FIRST STRIKE

Exotisches, stabiles Kampfmesser mit grazilem Griff.

Der amerikanische Schwert- und Messermacher Steve Corkum hat sich ganz der japanischen Blankwaffentradition verschrieben: Am liebsten schmiedet er japanische Schwerter, Tanto, Naginata und Yari, deren Klingen er aus nicht-rostfreiem Kohlenstoffstahl herstellt und selektiv härtet.

Columbia River Knife & Tool hat eines seiner Tanto-Modelle in eine Serienversion umgesetzt. Das First Strike wurde von CRKT in drei Größen produziert, mit 7,9 und 11,1 Zentimeter sowie mit einer 14,2 Zentimeter langen Klinge. Dieses Modell wird im Bild an der linken Hüfte getragen. Während die Klinge der Originalvorlage aus selektiv gehärtetem 1050er-Kohlenstoffstahl besteht, kam für die Serienvariante japanischer AUS-6-Stahl zum Einsatz, der auf rund 56 Grad Rockwell C gehärtet wurde (das Messer wird nicht mehr produziert).

Die 14,2 Zentimeter lange Klinge ist satiniert und hat eine maximale Stärke von fünf Millimetern (sechs Millimeter bei der Custom-Variante), was für eine extrem hohe Stabilität sorgt. Die Klinge wurde mit einer schwarzen Titan-Nitrid-Beschichtung versehen. Von der herabgesetzten Anschliffkante ab ist das First Strike beidseitig ballig geschliffen, was die Schneide sehr stabil macht. Die Tanto-Form ist nicht traditionell japanisch – mit bauchigem Anstieg der Schneide und rückenspitz – ausgeführt, sondern wurde modifiziert: die Spitze ist heruntergezogen, die Schneide steigt kantig empor.

Der über 14 Zentimeter lange Griff ist mit echter schwarzer Rochenhaut bezogen und mit einer olivfarbenen Wicklung versehen – vielleicht nicht die beste Wahl in staubigen Wüstenregionen, aber stilvoll. Damit das Messer nicht zu schwer wird und eine ausgewogene Balance behält, verjüngt sich der Erl zum Griffende hin von fünf auf 1,5 Millimeter. Das Ende ist spitz ausgeführt und kann als Schlagkraftverstärker eingesetzt werden.

Die Scheide aus thermoplastischem Kunststoff nimmt das Messer mit der Schneide nach rechts oder links sicher auf. Auf der Rückseite ist sie mit einem abnehmbaren Clip ausgestattet, der sich auch an den Scheidenseiten und der Spitze befestigen lässt. Zusammen mit den vielen Ösen ergeben sich so unzählige Befestigungsmöglichkeiten: Tip-up, Tip-down, quer am Gürtel, an der Ausrüstungsweste. Trotz des exotischen Aussehens ist das First Strike ein durchaus stabiles und brauchbares Messer für den Einsatz im Feld – nur für den Griff, so schick er auch ist, gibt es Abzüge. Er ist einfach zu schmal und kantig, um lange damit arbeiten zu können.

Die Scheide (hier mit der satinierten Standardausführung des First Strike) ist aus robustem Zytel-Kunststoff gefertigt.

DATEN

Hersteller:	Columbia River Knife & Tool
Modell:	First Strike
Klingenlänge:	142,0 mm
Klingenstärke:	5,0 mm
Klingenstahl:	AUS-6
Gesamtlänge:	289,0 mm
Gewicht (mit/ohne Scheide):	430/309 g
Griff:	Rochenhaut/Nylon
Scheide:	Zytel
Alternativen:	Satinierte Klinge und schwarze Griffwicklung
Herstellungsland:	Taiwan
Versorgungsnummer:	keine (privat beschafft)

Angaben zu diesem Bild, das der Messermacher Allen Elishewitz zur Verfügung gestellt hat, gibt es leider nicht. Bei der Person handelt es sich aber vermutlich um einen „privaten Dienstleister", wie sie in Afghanistan und Irak immer wieder anzutreffen sind. Bewaffnet ist er mit einem Sturmgewehr Colt M4 in 5,56 mm x 45 und einer Pistole Beretta 92 in 9 mm x 19. Bei dem F.T.W.S. in seinen Händen handelt es sich entweder um die handgefertigte Ausführung von Elishewitz oder einen frühen CRKT-Prototyp mit gestrahlter Oberfläche.
Foto: Allen Elishewitz

CRKT ELISHEWITZ F.T.W.S.

Design im Dienste derer, die ihren Kopf hinhalten.

Mit dem F.T.W.S. (For Those Who Serve) ist dem amerikanischen Messerhersteller CRKT ein großer Wurf gelungen. Auf verspielte Design-Elemente wurde völlig verzichtet. Das F.T.W.S. ist ein kompromisslos auf Funktion ausgelegtes Messer. Das Design beruht auf einem Entwurf des Messermachers Allen Elishewitz, der durch seine eigenen Militärerfahrungen genau weiß, worauf es bei einem verlässlichen Messer ankommt.

Das Vollangelmesser ist aus SK5-Kohlenstoffstahl gefertigt, der schnitthaltig, aber auch zäh und bruchelastisch ist. Zudem ist der Stahl, der auf zirka 57 bis 58 Grad Rockwell C gehärtet ist, auch leicht nachschärfbar. Nur rostfrei ist er aufgrund des fehlenden Chromanteils nicht. Deshalb wird die modifizierte Spear-Point-Klinge in der Serienversion auch mit einer schwarzen Pulver-Epoxyd-Beschichtung versehen. Das Einsatzfoto dürfte allerdings noch einen frühen Prototyp aus rostfreiem Stahl zeigen, der per Sandstrahler mattiert wurde.

Die maximale Klingenstärke ist mit 5,8 Millimetern auf härteste Belastungen ausgelegt. Bis wenige Zentimeter vor der Spitze ist der Klingenrücken des F.T.W.S. mit einer flach geschliffenen Beitel-Schneide versehen. Damit lässt sich beispielsweise hacken. So schont man die fein ausgeschliffene Hauptschneide. Die Angel reicht durch den ganzen Griff, zum Ende hin nimmt die Stärke jedoch etwas ab (tapered tang), was die Balance und auch die Handlage verbessern soll.

Die Griffschalen bestehen aus glasfaserverstärktem Zytel, das mit einer griffigen Struktur versehen wurde. Ein Semi-Parierelement und vier Fingermulden lassen das Messer sicher in der Hand liegen. Das ist auch wichtig, denn mit einem Gewicht von knapp über 300 Gramm hat man mit dem F.T.W.S. ganz schön was in der Hand. Wer will, kann am Griffende noch einen Fangriemen anbringen.

Auch die Scheide des F.T.W.S. verdient eine besondere Erwähnung: Sie ist 36,5 Zentimeter lang und 7,7 Zentimeter breit. Als Materialien kommen Cordura und Zytel zum Einsatz. Die Gürtelaufhängung besteht aus zwei per Klettverschluss verstellbaren Schlaufen. Durch eine Vielzahl von Ösen kann die Scheide auch alternativ per mitgelieferter Cordura-Leine gesichert werden. Auch an M.O.L.L.E.-Schlaufen kann sie befestigt werden. Gleich zwei Griffriemen sichern das Messer zuverlässig. In der aufgesetzten Tasche können Messer, Tools oder Schärfzubehör mitgeführt werden. Als zuverlässiges und universell einsetzbares Messer ist das F.T.W.S. sehr überzeugend.

CRKT-Designer und Messermacher Allen Elishewitz.

Elishewitz setzt beim F.T.W.S. auf eine extrem belastbare Spitze.

DATEN

Hersteller:	Columbia River Knife & Tool
Modell:	F.T.W.S.
Klingenlänge:	160,0 mm
Klingenstärke:	5,8 mm
Klingenstahl:	SK-5
Gesamtlänge:	295,0 mm
Gewicht (mit/ohne Scheide):	519/306 g
Griff:	Zytel
Scheide:	Cordura/Zytel
Herstellungsland:	Taiwan
Versorgungsnummer:	keine (privat beschafft)

Im Einsatz trägt dieser U.S.-Soldat den Advanced-Combat-Uniform-Kampfanzug im Digitaldruck. Darüber wird die Schutzausstattung getragen. Sie umfasst eine Interceptor-Body-Armor-Schutzweste mit Improved-Outer-Tactical-Vest-Überzug und Front- und Seitenplatten sowie Tiefenschutz, ballistische Schutzbrille, Knie- und Ellenbogenschützer und Schutzhandschuhe aus schwer entflammbarem Material. Kampfmesser werden oft an der Vorderseite der Schutzweste getragen wie hier ein M60 von CRKT.

CRKT M60-14 NK SOTFB

Schweres Gerät für extreme Einsätze.

Das SOTFB (Special Operations Tactical Fixed Blade) wurde von CRKT für härteste Belastungen ausgelegt und zusammen mit militärischen Beratern entwickelt, die ihre Praxiserfahrungen einfließen ließen. Im Vordergrund stand nicht der Anspruch, einen wahren Schneidteufel zu entwickeln – auch wenn man mit der Klinge, die mit verschiedenen Schliffwinkeln versehen ist, durchaus saubere Schnitte machen kann. Ziel war ein feststehendes Messer, auf das man sich auch im Kampf- und Feldeinsatz bedingungslos verlassen kann. Deshalb wird das 269 Gramm schwere Messer auch in Vollangelbauweise gefertigt, bei der die Angel in voller Stärke bis zum Griffende reicht.

Die maximale Klingenstärke liegt bei vier Millimetern. Der flache Anschliff reicht über zwei Zentimeter und mündet in eine einseitig geschliffene Schneide. Zum Griff hin ist über mehrere Zentimeter hinweg ein Wellenschliff angebracht, der vor allem beim Durchtrennen von dickeren Leinen und Kunststoffschläuchen von Vorteil ist. Die Spitze ist etwas stumpfer angeschliffen und extrem robust.

Die 11,1 Zentimeter lange Tanto-Klinge ist Titan-Nitrid-beschichtet, um den rostträgen Stahl zusätzlich vor Korrosion zu schützen. Der Schwerpunkt des Messers liegt kurz vor dem Parierelement, in etwa dort, wo der Zeigefinger zu liegen kommt. Die Grifflänge beträgt 12,7 Zentimeter. Da das integrale, mit Riffelungen versehene Parierelement und der nach unten gezogene Griffabschluss jedoch etwas Länge kosten, liegt die effektiv nutzbare Grifflänge nur bei zirka zehn Zentimetern – mit schweren Einsatzhandschuhen könnte es etwas knapp werden. Durch die Stärke des Griffs liegt das SOTFB jedoch satt in der Hand. Die grobe Oberflächenstruktur des Zytel-Griffs tut ihr Übriges, um das Messer sicher in der Hand liegen zu lassen.

Die Scheide lässt sich, wie im Foto links gut erkennbar, auch an den M.O.L.L.E.-Schlaufen befestigen, in dem man die mit zahlreichen Ösen bestückte Scheide einfach mit Paracord-Leine fixiert. Eine Zytel-Einlage innerhalb der Cordura-Scheide sichert das Messer und verhindert zuverlässig ein Durchstechen. Zwei mit Drucknöpfen verschließbare Riemen am Griff halten das SOFTB sicher in der Scheide. Die Scheide, in deren Vortasche Klappmesser, Werkzeug oder Schärfgerät mitgeführt werden können, lässt sich aber auch ganz herkömmlich am Koppel befestigen.

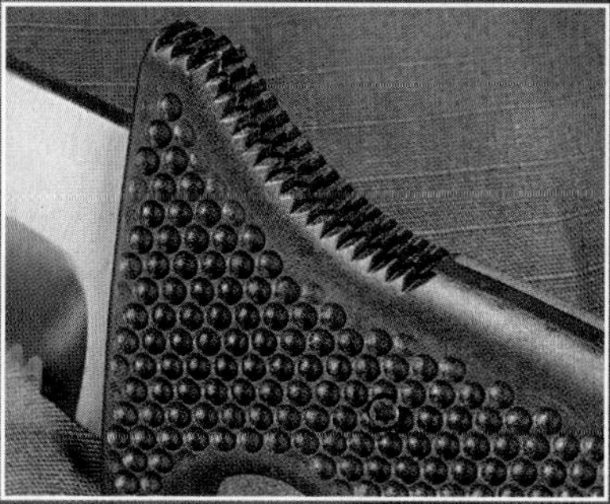

Die geriffelte Daumenrampe erlaubt kontrolliertes Schneiden und verhindert gleichzeitig ein Abrutschen.

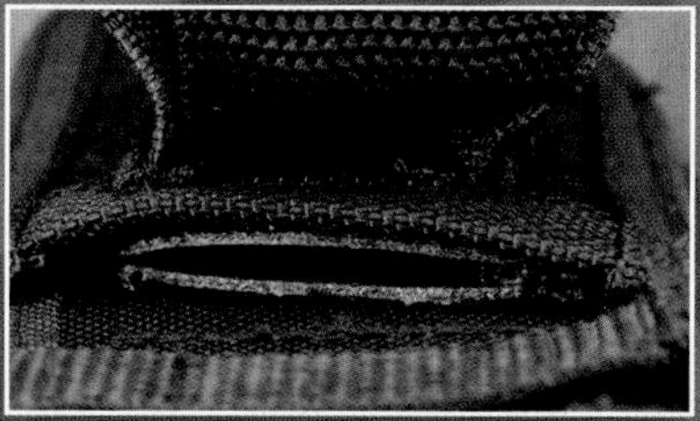

Die Scheide des M60 SOTFB ist mit einem Durchstichschutz aus Kunststoff ausgestattet.

DATEN

Hersteller:	Columbia River Knife & Tool
Modell:	M60-14 NK SOTFB
Klingenlänge:	111,0 mm
Klingenstärke:	4,8 mm
Klingenstahl:	AUS-8
Gesamtlänge:	238,0 mm
Gewicht (mit/ohne Scheide):	400/269 g
Griff:	Zytel
Scheide:	Cordura/Zytel
Alternativen:	Drop-Point-Klinge, sandfarben
Herstellungsland:	Taiwan
Versorgungsnummer:	keine (privat beschafft)

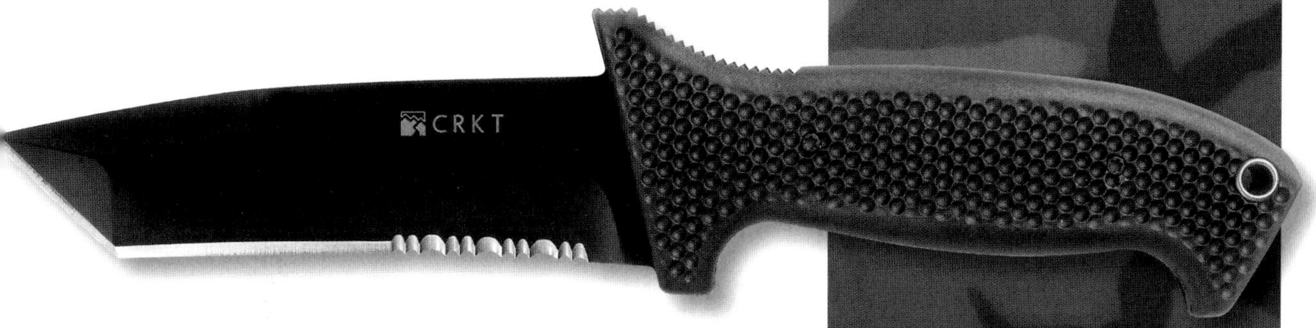

Bei ihren Einsätzen im Irak und in Afghanistan wurden die Koalitionstruppen mit extremen klimatischen Bedingungen konfrontiert. So klettern die Tageshöchstemperaturen im Irak im Sommer auf über 50° C. Im Winter fallen nachts die Temperaturen in der Wüste unter den Nullpunkt. Sand und Staub sind ein ständiger Begleiter. Dieser U.S. Marine ist gerade von einer Wüstenpatrouille zurückgekehrt. Er ist von einer dicken Staubschicht bedeckt. Beachtenswert ist der Sting-Dolch von CRKT.

CRKT RUSSELL STING

Klassiker in neuem Gewand.

Das im Bild gezeigte CRKT Sting hat leicht Staub angesetzt – was aber nicht im geringsten daran liegt, dass dieses Modell erstmals in der 1970ern auf den Markt kam. Das Sting, wie es nun wieder von Columbia River produziert wird, beruht auf einem Entwurf des legendären A. G. Russell. Er ist nicht nur ein innovativer Messermacher und Gründungsmitglied der American Knifemaker's Guild, sondern war auch der Erste, der seit 1964 einen funktionierenden Versandhandel mit Messern betrieb. Zudem trug er zur Gründung der amerikanischen Messerzeitschriften „Knife World“ und „The American Blade“ (heute „Blade Magazine“) bei.

Das Modell Sting, einen handlichen Integraldolch, der in einer Lederscheide am Stiefel getragen werden konnte, entwickelte er anfangs der 70er Jahre als Jagd- und Selbstverteidigungsmesser. Doch egal, bei welcher Firma er auch mit seinem Entwurf anklopfte, alle lehnten ab – mit der Begründung, die Herstellung sei zu aufwändig. Bis er bei Othello, Anton Wingen, in Solingen anfragte. Auch dort zögerte man kurz, sagte dann jedoch zu. 1975 wurden die ersten Sting-Dolche in den USA für 35 Dollar verkauft. Heute bringen gut erhaltene Stücke mit Hirschhorn-, Micarta- oder Holzbeschalung bis zu 300 Dollar.

CRKT fertigt das Modell entsprechend der alten Vorgaben: 1050er Kohlenstoffstahl wird zunächst grob in Form geschmiedet, anschließend formgeschliffen und mehrfach wärmebehandelt, um das gesamte Potenzial des nicht-rostfreien Stahls auszuschöpfen. Die Klinge ist vom Mittelgrat aus nach oben und unten beidseitig hohl geschliffen. Zum Schutz vor Rostbefall ist der bis zu 3,5 Millimeter starke und 110 Gramm schwere Dolch mit einer schwarzen Pulver-Epoxyd-Beschichtung überzogen. Der Stahlgriff des Sting formt einen moderaten, aber nützlichen Handschutz aus und ist mehrfach konturiert, um der bloßen oder behandschuhten Hand sicheren Halt zu geben. Eine äußerst großzügige Fangriemenöse bildet den Abschluss des 9,3 Zentimeter langen Griffs.

Das Innenleben der Scheide besteht aus Zytel, einem unverwüstlichen Kunststoffmaterial, das in diesem Fall als Durchstechschutz und Haltemechanismus (es schnappt in die erste Griffmulde ein) dient. Der Rest ist aus widerstandsfähigem Cordura-Material gefertigt. Die Scheide lässt sich auf vielfältige Weise befestigen. Von CRKT wird das Messer als eines der stärksten und zähesten Messer bezeichnet, die die Firma jemals produziert hat – die Materialwahl und Konstruktionsweise sprechen dafür.

CRKT-Designer und Messermacherlegende A.G. Russell.

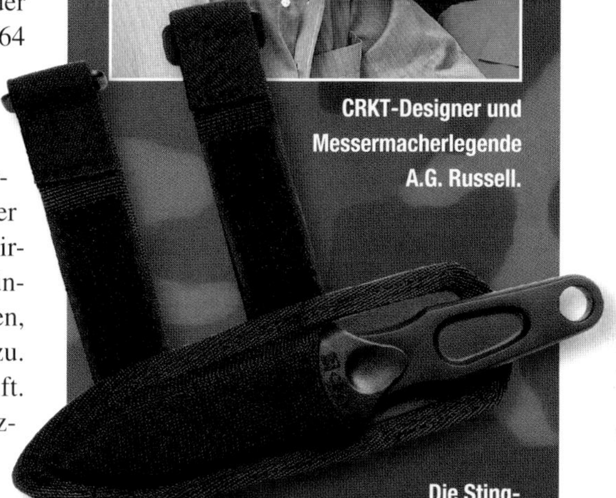

Die Sting-Scheide ist mit einem Durchstechschutz aus Kunststoff sowie Bändern zur Unterarmbefestigung ausgestattet.

DATEN

Hersteller:	Columbia River Knife & Tool
Modell:	Russell Sting
Klingenlänge:	81,0 mm
Klingenstärke:	3,5 mm
Klingenstahl:	1050
Gesamtlänge:	174,0 mm
Gewicht (mit/ohne Scheide):	200/110 g
Griff:	1050
Scheide:	Cordura/Zytel
Alternativen:	Original Othello-Ausführung aus den 1970ern
Herstellungsland:	Taiwan
Versorgungsnummer:	keine (privat beschafft)

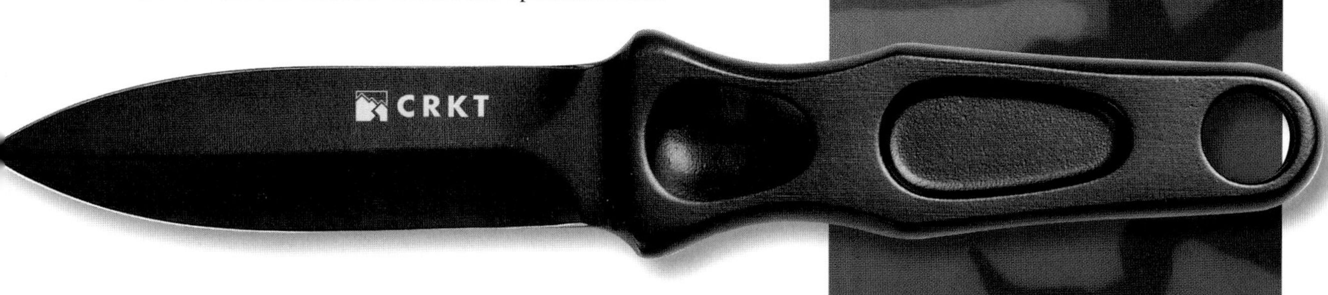

Moderne Streitkräfte setzen Hubschrauber zur Kampfunterstützung und zum Transport von Versorgungsgütern und Personal sowie zur Evakuierung von Verwundeten ein. Im Dezember 2004 gehörte dieser Pilot der 10th Mountain Division zur Besatzung eines UH-60L Black-Hawk-Transporthubschraubers, der im Irak zum Einsatz kam. In seiner Ausrüstung findet sich ein A.S.E.K. I Tanto-Überlebensmesser der Solinger Firma Eickhorn.

EICKHORN A.S.E.K. I TANTO

Spezialisiertes Militärmesser mit modularem Aufbau.

Das A.S.E.K. I Tanto wurde speziell für Besatzungsmitglieder militärischer Luftfahrzeuge entwickelt. A.S.E.K. steht für Aircrew Survival Egress Knife, was übersetzt Überlebens- und Ausstiegsmesser für Flugzeugbesatzungen bedeutet.

Die Klinge des A.S.E.K. I Tanto-Messers ist modular aufgebaut. Die eigentliche Klinge ist knapp drei Millimeter stark und wird durch eine auf ihrer Rückseite befestigte zweite Klinge verstärkt. Diese verschraubte Zusatzklinge bildet zum einen die horizontale Schneidkante des integrierten Seilschneiders, zum anderen komplettiert sie die Zahnreihe der Rückensäge. Mit der Säge kann man in beiden Schnittrichtungen Verbund-Sicherheitsglas, Plexiglas, Aluminium und Holz zertrennen. Als Klingenmaterial kommt der stark rostbeständige 440A-Stahl zum Einsatz, der zusätzlich mit schwarzem Kalgard-Lack beschichtet ist. Die Tanto-Form der Klinge führt dazu, dass die Spitze sehr stabil ist. Einige Zentimeter, bevor die Schneide steil zur Spitze ansteigt, ist die Öffnung des Leinen- und Gurtschneiders angebracht. Die andere Hälfte der Klinge ist bis zum Klingeneinsatz hin mit einem Wellenschliff versehen.

Der elektrisch isolierte Griff besteht aus glasfaserverstärktem Kunststoff. Er bietet viel Volumen und kann auch mit Handschuhen gut und sicher gegriffen werden. Am Griffende befindet sich eine Fangriemenöse zur Befestigung von Paracord-Leine. Das Parierelement ist mit einer Stahleinlage verstärkt und sehr breit ausgeführt, um die messerführende Hand bei harten Arbeiten zu schützen. Zwei Bohrungen ermöglichen die Befestigung des Messers an einem Stock. Am Ende des Griffs ist ein auswechselbarer, kegelförmig zulaufender Hartmetall-Glasbrecher montiert.

Die Corduraschneide ist mit einem Durchschnittschutz aus Kunststoff und einem U.S.-M.O.L.L.E.-Tragesystem ausgestattet. Am unteren Ende der Scheide ist eine Öffnung angebracht, damit eingedrungenes Wasser ablaufen kann. Zum Lieferumfang zählen außerdem ein kleiner Stoßdolch, eine Diamant-Nachschärfplatte, die in der Scheidenrückseite getragen wird, eine Ahle sowie Beingurte zum Befestigen der Scheide am Unterschenkel. Das A.S.E.K. I Tanto ist für seinen eigentlichen Zweck – Piloten die Möglichkeit zu verschaffen, sich schnell aus verunglückten Maschinen zu befreien oder Verletzte zu bergen – zweifelsohne eine gute Wahl.

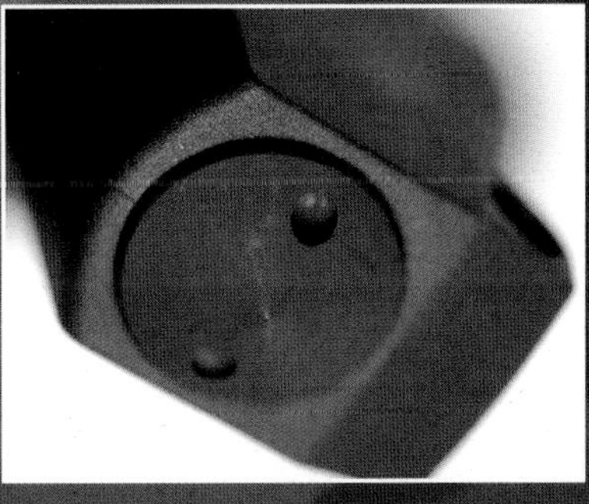

Der Glasbrecher ist am Griffende eingeschraubt.

A.S.E.K. Stoßdolch mit zusätzlicher Schraubenzieherfunktion.

DATEN

Hersteller:	The Original Eickhorn Solingen Co. Ltd. (vorm. A. Eickhorn GmbH & Co. für Schneidwaren und Waffen KG)
Modell:	A.S.E.K. I Tanto
Klingenlänge:	135,0 mm
Klingenstärke:	4,8 mm
Klingenstahl:	440A
Gesamtlänge:	270,0 mm
Gewicht (mit/ohne Scheide):	500/250 g
Griff:	Kunststoff
Scheide:	Cordura/Kunststoff
Alternativen:	verbesserte Aviator-Reihe mit N695-Stahl, ABCK-Version der Firma Waffentechnik Borkott & Eickhorn
Herstellungsland:	Deutschland
Versorgungsnummer:	keine (privat beschafft)

Zwischen dem Beginn der Operation Iraqi Freedom im März 2003 und dem Februar 2009 wurden im Irak über 100 Hubschrauber von Widerstandskämpfern abgeschossen, bei Kollisionen mit anderen Maschinen zerstört oder stürzten aufgrund technischer Probleme ab. Dieses Bild entstand während der Einsatzvorbereitungen der Besatzung eines UH-60L Black Hawk im Dezember 2004. Das Besatzungsmitglied im Vordergrund führt ein A.S.E.K. II Überlebensmesser.

EICKHORN A.S.E.K. II

Entfliehen und überleben.

Der Gurtschneider des A.S.E.K. II mit integriertem Schraubendreher.

Zum Lieferumfang der A.S.E.K.-Modelle gehört auch diese Ahle.

Das im Foto links mit dem Griff nach oben an den M.O.L.L.E.-Schlaufen der Pilotenüberlebensweste befestigte Messer ist ein A.S.E.K. II, das von der Firma A. Eickhorn GmbH & Co. für Schneidwaren und Waffen KG (heute The Original Eickhorn Solingen Co. Ltd.) produziert wurde. Die A.S.E.K.-Reihe wurde speziell für Flugzeug- und Hubschrauberbesatzungen militärischer Luftfahrzeuge der NATO entwickelt, um ihnen bei Abstürzen in unbesiedeltem Gebiet oder feindlichem Hinterland ein verlässliches und multifunktional einsetzbares Werkzeug zur Hand zu geben.

Das Überlebensmesser A.S.E.K. II besitzt eine Klinge aus 440A-Stahl, der zwar nicht zu den schnitthaltigsten Stählen zählt, dafür jedoch sehr bruchelastisch ist. Um das Messer während des Einsatzes nachschärfen zu können, erfolgte die Auslieferung serienmäßig mit einer diamantbeschichteten Nachschärfplatte. Ebenfalls serienmäßig mitgeliefert wurde ein kleines Kappmesser mit Wellenschliff-Klinge, Gurtschneider und Schraubendreher. Auch eine kleine Ahle ist beigefügt. Die Scheide verfügt über ein U.S.-M.O.L.L.E.-Tragesystem. Dank der serienmäßigen Beingurte kann das Messer auch am Oberschenkel getragen werden.

Der isolierte Griff (bis zu 1000 Volt) besteht aus glasfaserverstärktem Kunststoffmaterial, das beständig gegen Säuren und Laugen ist. Am Ende des Griffs ist ein austauschbarer, kegelförmiger Glasbrecher aus hoch gehärtetem Metall befestigt. Die seitlichen Einkerbungen und das großzügig gestaltete Parierelement tragen wesentlich zur Griffsicherheit bei. Zwei Durchbrüche am Parierelement ermöglichen die Befestigung des Messers an einem Ast, um es so zur Jagd oder zur Verteidigung einsetzen zu können. Die Öse am Griffende dient zur Montage einer Fangleine.

Die 3,8 Millimeter starke Klinge behält über große Teile der Länge und Breite ihre volle Stärke. Eine schwarze Kalgard-Beschichtung schützt die Klinge vor unerwünschten Reflexionen und Korrosion. Vom Griff bis etwa zur Mitte der Klinge ist ein aggressiver Wellenschliff angebracht, der dicke Seile und hartes Kunststoffmaterial leichter zertrennt als eine glatte Schneide und lange nutzbar bleibt. Beinahe die gesamte Rückenlänge ist mit einem groben Sägeschliff ausgestattet, mit dem sich neben Holz auch Verbundglasscheiben von Luftfahrzeugen zersägen lassen.

DATEN

Hersteller:	The Original Eickhorn Solingen Co. Ltd. (vorm. A. Eickhorn GmbH & Co. für Schneidwaren und Waffen KG)
Modell:	A.S.E.K. II
Klingenlänge:	135,0 mm
Klingenstärke:	3,8 mm
Klingenstahl:	440A
Gesamtlänge:	280,0 mm
Gewicht (mit/ohne Scheide):	520/225 g
Griff:	Kunststoff
Scheide:	Cordura
Alternativen:	Tanto, Bowie-Klinge
Herstellungsland:	Deutschland
Versorgungsnummer:	NSN 1095-25-151-1584

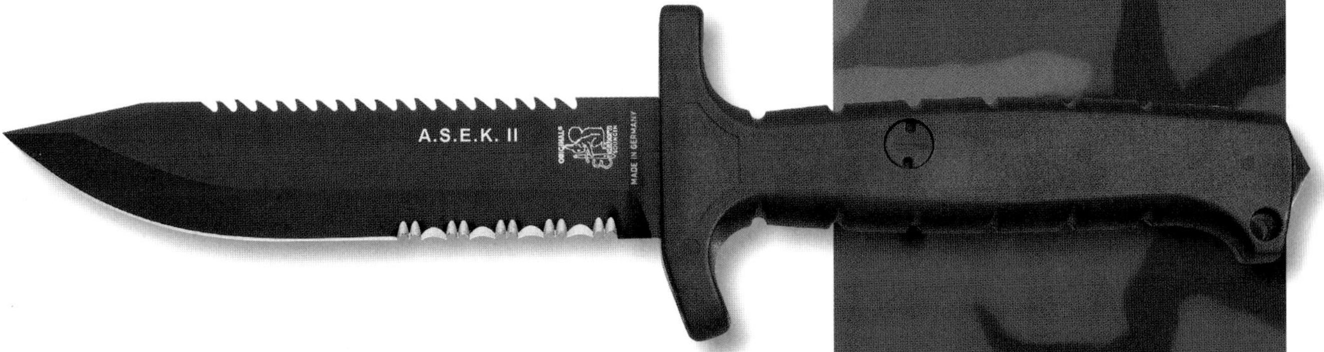

Italienische Spezialkräfte des 9. Sturmregimentes Col Moschin sammeln sich an ihren Fahrzeugen in der Nähe vom Bagram. Sie sind Teil der Anti-Terror-Operation Enduring Freedom (OEF) in Afghanistan. An die Einheit wurde ein Kampfmesser des Herstellers Extrema Ratio ausgegeben.
Foto: Sören Sünkler

EXTREMA RATIO COL MOSCHIN

Taktisches Einsatzmesser für italienische Eliteeinheit.

Das Modell Col Moschin wurde 2002 offiziell vom 9. Fallschirmjäger-Sturmregiment „Col Moschin" bestellt und kommt seitdem zum Einsatz. Das „9° Reggimento d'Assalto Paracadutisti" ist ein Spezialkräfteverband des italienischen Heeres, das seinen Sitz in Livorno hat und truppendienstlich der Fallschirmjägerbrigade Folgore untersteht und auch in das Spezialkräftekommando (COFS) des italienischen Generalstabs eingebunden ist.

Jedes neue Mitglied dieser schlagkräftigen Truppe bekommt eines der Messer und wird im effektiven Einsatz ausgebildet. Das Col Moschin ist ein dolchähnliches Messer mit geradem Griff, ähnlich den Dolchen, wie sie die Arditi, die legendäre italienische Sturmtruppe des 1. Weltkriegs, benutzten. Die Klinge läuft jedoch nicht mittelspitz zu, sondern ist asymmetrisch geformt: Der Klingenrücken senkt sich nur leicht nach unten, so dass die Spitze oberhalb der Klingenmitte liegt.

Die maximale Klingenstärke liegt bei 6,3 Millimetern. Nur wenige Zentimeter vor dem Griff geht der Rücken in eine zweite, hohlgeschliffene Schneide über, die bis zur Spitze reicht. Diese ist nadelfein ausgeschliffen. Auch die beiden Flanken der Hauptschneide sind hohlgeschliffen. Diese Klingengeometrie ist ungünstig für Hebelarbeiten, doch dafür ist das Messer gar nicht konstruiert – es ist eine reine Waffe.

Der Schwerpunkt des Messers liegt weit hinten im Griff, was die Manövrierbarkeit erleichtern soll. Ein beidseitiger Handschutz, der integraler Bestandteil ist, schützt die Hand. Der aggressive Wellenschliff am hinteren Drittel der Hauptschneide erleichtert das Durchtrennen von hartem Kunststoff oder faserigen Materialien. Der in Österreich von Böhler hergestellte N690-Stahl gilt als sehr feinkörnig und zäh, er wird auf 58 HRC gehärtet. Die Klinge ist schwarz beschichtet (Testudo Finish).

Extrema Ratio arbeitete mit der Universität Perugia zusammen, um die optimale Griff-Ergonomie zu ermitteln. So lässt der Griff zahlreiche Haltemöglichkeiten und schnelle Griffwechsel zu. Das Ende der überstehenden Angel kann nicht nur zur Befestigung eines Fangriemens, sondern auch als Schlaghilfe benutzt werden. In der Scheide aus glasfaserverstärktem Kunststoff ist das Col Moschin zweifach gesichert: per Druckmechanismus innerhalb der Scheide und per Riemen mit Druckknopf. Gummischlaufen zur Befestigung am Oberschenkel gehören zum Lieferumfang.

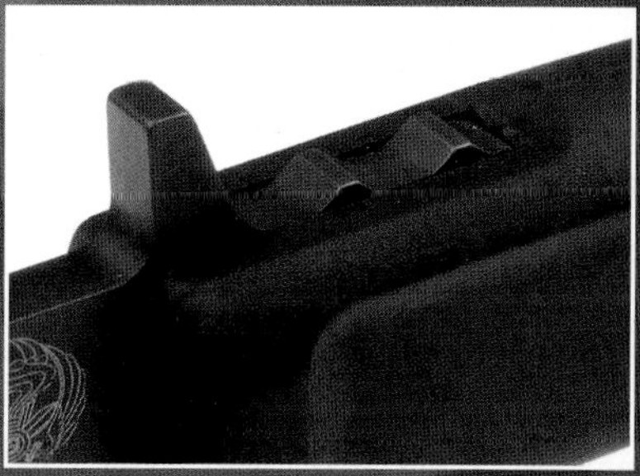
Der Erl bildet beim Col Moschin gleichzeitig den Handschutz.

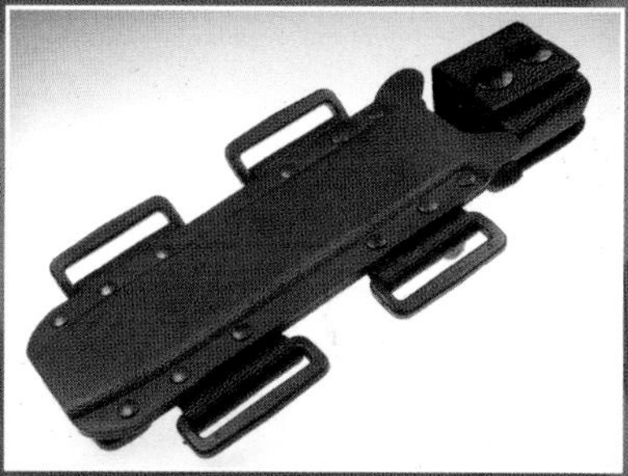
Die Col-Moschin-Scheide aus Kydex ist aufwändig gefertigt und bietet vielfältige Befestigungsmöglichkeiten.

DATEN

Hersteller:	Extrema Ratio Knives Division
Modell:	Col Moschin
Klingenlänge:	156,0 mm
Klingenstärke:	6,3 mm
Klingenstahl:	N690
Gesamtlänge:	288,0 mm
Gewicht (mit/ohne Scheide):	420/260 g
Griff:	Forprene
Scheide:	Kydex
Alternativen:	einseitig geschliffene, zivile Version
Herstellungsland:	Italien
Versorgungsnummer:	keine

Die Fallschirmjäger der in Fort Bragg, North Carolina, stationierten 82nd Airborne Division „All American" gehören zu den Eliteeinheiten der U.S. Army. 2009 wurden Brigaden der Division sowohl im Irak als auch in Afghanistan eingesetzt. Das 3rd Brigade Combat Team operierte Anfang 2009 im Ostteil von Bagdad. Bei diesem Sergeant handelt es sich um einen Angehörigen der C Company, 2nd Battalion, 505th Parachute Infantry Regiment. Er führt ein Gerber Guardian.

GERBER GUARDIAN BACK UP

Gerber-Klassiker aus den 80ern.

„A lightweight survival knife that's made to survive – The Guardian by Gerber", so wurde das Guardian Anfang der 80er Jahre beworben. Das ursprüngliche Guardian beruht auf einem Design der US-Messermacherlegende Bob Loveless. Die vielen Modellvarianten, darunter das Guardian Back Up, ähneln dem Ausgangsmodell stark. Nicht nur im realen Feldeinsatz, auch in Videospielen wie „Tomb Raider" oder „Splinter Cell" taucht das Guardian immer wieder als Verteidigungs- und Einsatzmesser auf.

Das Guardian Back Up hat mit 8,6 Zentimeter eine etwas kürzere Klinge als das ursprüngliche Guardian mit Aluminiumgriff, und die Scheide besteht nicht mehr aus Leder, sondern aus einem harten Kunststoffmaterial. Das Scheidensystem des Messers ist durchdacht konstruiert und gut umgesetzt. Mit zwei verschiebbaren Bolzen am Scheideneingang kann der Zugwiderstand eingestellt werden. Auch mit dem Griff nach unten kann man das Guardian Back Up sicher tragen. Der abnehmbare und umsetzbare Clip lässt sich an Stiefelschäften, Koppeln oder Ausrüstungsschlaufen befestigen. Eine Öse mit vier Millimetern Durchmesser an der Scheidenspitze ermöglicht das Anbringen eines Fangriemens aus 550er-Paracord oder einer Kugelkette, um es als Neck Knife zu tragen.

Der Griff des Guardian Back Up ist aus glasfaserverstärktem Kunststoff mit gummiartigem Santoprene-Bezug gefertigt, der die Griffsicherheit deutlich erhöht. Insbesondere bei feuchten Händen ein nicht zu unterschätzender Vorteil. Der Erl reicht nicht in voller Stärke durch den Griff, sondern nur zu drei Vierteln. Ein angedeuteter Knauf am Griffende und das leicht ausgeformte Parierelement sichern das Messer gegen ein Herausgleiten aus der Hand.

Die Klinge aus „High-Carbon"-Stahl (deutlicher wird Gerber bei den Stahlbezeichnungen selten) ist mit einer schwarzen Beschichtung versehen. Die scharf geschliffene, mittelspitze Dolchklinge macht das führige Messer zu einer nicht zu unterschätzenden Waffe. Im normalen Alltag ist diese Klingenform nicht allzu gut zu gebrauchen, da die Gefahr, sich selbst zu verletzen, doch relativ hoch ist. Außerdem kann man keinen Druck auf den Klingenrücken ausüben. Zur Spitze hin wird die Klinge relativ dünn, was sie bruchanfällig bei seitlichen Belastungen macht. Durch das geringe Gesamtgewicht von nicht mal 90 Gramm und die vielfältigen Befestigungsmöglichkeiten ist der Back-Up-Dolch allerdings eine gute Wahl für ein Notfall-Messer.

Die Guardian-Modelle aus den 80er Jahren waren mit Aluminiumgriffen ausgestattet.

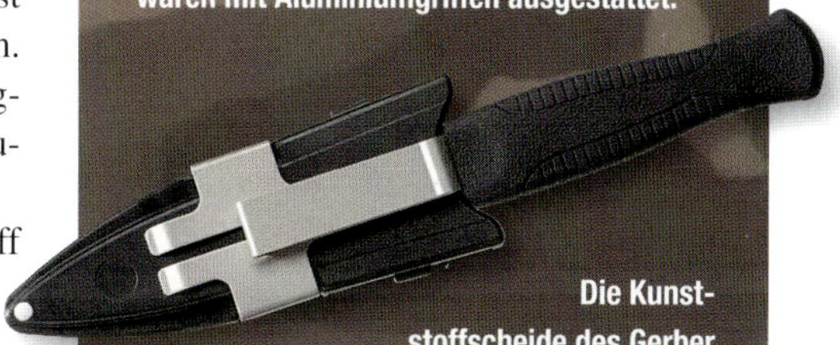

Die Kunststoffscheide des Gerber Guardian Back-Up hat einen wechselbaren Clip für Tip-up- oder Tip-down-Trageweise.

DATEN

Hersteller:	Gerber Legendary Blades
Modell:	Guardian Back Up
Klingenlänge:	86,0 mm
Klingenstärke:	3,0 mm
Klingenstahl:	400er
Gesamtlänge:	183,0 mm
Gewicht (mit/ohne Scheide):	87/50 g
Griff:	GFK/Santoprene
Scheide:	Kunststoff
Herstellungsland:	USA
Versorgungsnummer:	keine (privat beschafft)

Das Gros der Truppenteile der Multinational Division South East (MND SE) im Irak wurde von britischen Truppen gestellt. Offiziell endete der Einsatz britischer Truppen im Irak am 30. April 2009. Das in Deutschland stationierte 1st Battalion, The Royal Regiment of Fusiliers, das zur 7th Armoured Brigade gehört, kam zwischen 2003 und 2009 dreimal für jeweils sechs Monate im Irak zum Einsatz. Im Juli 2008 gehörte dieser Soldat des Bataillons zu einer Patrouille, deren Auftrag es war, den Flughafen von Basra gegen Angriffe zu sichern. An seiner Schutzweste ist ein Gerber LMF II zu erkennen.

GERBER LMF II

Extrem belastbar und multifunktional einsetzbar.

Der Soldat links hat sich für das Überlebensmesser LMF II von Gerber entschieden. Zum Vorgängermodell, dem populären LMF, sind kaum Parallelen erkennbar. Entwickelt wurde das LMF II nach Vorgaben von Jeff Freeman, der lange Zeit bei der U.S. Army (unter anderem als Mechaniker und Werkzeugmacher) beschäftigt war.

Das LMF II widersteht auch härtesten Beanspruchungen und besitzt hohen Nutzwert. Die 12,3 Zentimeter lange, beschichtete Klinge besteht aus dem in Schweden hergestellten Stahl 12C27, der bei richtiger Wärmebehandlung trotz des relativ hohen Chromanteils von 13,5 Prozent eine feine Schärfe annimmt. Zudem ist der Stahl extrem rostträge. Die Klingenstärke liegt bei kräftigen 4,7 Millimetern. Die Drop-Point-Klinge ist beidseitig geschliffen und hat zur Spitze hin reichlich „Bauch". Beinahe die Hälfte der Schneide ist mit einem aggressiven Wellenschliff versehen.

Der durchgehende Erl verläuft innerhalb des glasfaserverstärkten Kunststoffgriffs, der elektrisch isoliert ist und auch Säuren und Laugen widersteht. Der teils abgeflachte und mit Einbuchtungen versehene Griff kann mit etwas Schnur und den drei Ösen an einem Stock befestigt werden – so kann man das LMF II als Speer einsetzen. Ein beidseitiges Parierelement und die strukturierte Soft-Grip-Oberfläche des Griffs lassen das Messer sicher und angenehm in der Hand liegen.

Eine Besonderheit des Messers ist der Abschlussknauf aus gehärtetem Stahl: Er hat keine Verbindung zum Erl des Messers, um Schläge abzufedern. Eine flache Hammerfläche erlaubt das Einschlagen von Nägeln, während sich mit der spitz zulaufenden Kante des Knaufs einfache Glasscheiben und sogar Plexiglasscheiben von Hubschraubern einschlagen lassen.

In der flachen Scheide aus Nylon und glasfaserverstärktem Kunststoff sitzt das Messer sicher. Die Scheide ist mit einer fest montierten Nachschärfvorrichtung ausgestattet. Mit zwei Griff-Riemen lässt sich das LMF II in der Scheide sichern. Das LMF II kann am Koppel getragen oder per Riemen um den Schenkel geschnallt werden. Mehrere Ösen erlauben auch alternative Befestigungsmöglichkeiten, zum Beispiel mit Kabelbindern an der Ausrüstung. Seit einigen Jahren ist vom LMF II auch eine A.S.E.K.-Variante (Aircrew Survival Egress Knife) erhältlich, die zusätzlich mit einem Gurt- und Leinenschneider ausgestattet ist, der in einer Vortasche transportiert werden kann.

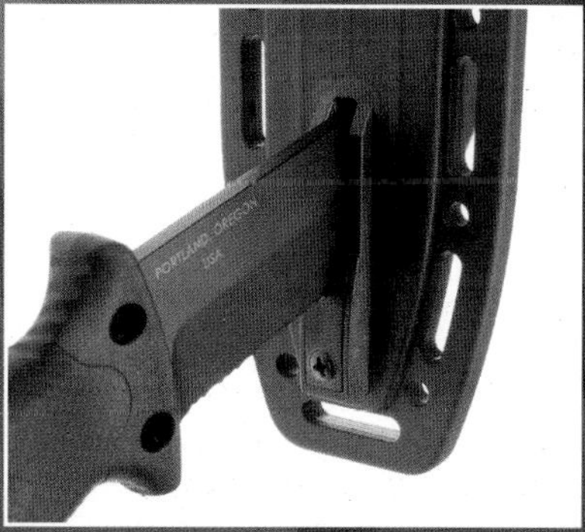

Die Scheide dient gleichzeitig als Schärfer.

Bohrungen im Handschutz machen es möglich, mit dem Messer einen Speer zu bauen.

DATEN

Hersteller:	Gerber Legendary Blades
Modell:	LMF II
Klingenlänge:	123,0 mm
Klingenstärke:	4,7 mm
Klingenstahl:	12C27
Gesamtlänge:	269,0 mm
Gewicht (mit/ohne Scheide):	660/325 g
Griff:	Kunststoff
Scheide:	Nylon/Kunststoff
Alternativen:	Farbvarianten Desert und Foliage Green, A.S.E.K
Herstellungsland:	USA
Versorgungsnummer:	keine (privat beschafft)

Afghanistan, Shahikot-Tal, März 2002: Während der Operation Anaconda hält ein MG-Team des 1st Battalion, 187th Infantry Regiment der 101st Airborne Division Ausschau nach versteckten Taliban-Kämpfern. Die Soldaten tragen einen Mix an BDU-Wüstentarnuniformen und Woodland-Tarnausrüstung, wie es damals üblich ist. Der rechte Soldat führt ein Gerber Mark II an seiner ballistischen Weste. Das Messer stammt noch aus älterer Fertigung, was man an der Scheide erkennen kann.
Foto: Visier/U.S. D.O.D

GERBER MARK II

Seit dem Vietnam-Krieg findet man das Mark II bei U.S.-Soldaten weltweit.

Bei den Spezialverbänden der U.S. Army weiß man Kampfmesser mit Stil und Geschichte auch heute noch zu würdigen. Bei dem Messer, das der Soldat im Foto führt, handelt es sich um ein Mark II des Herstellers Gerber. Entworfen wurde das Messer von Captain C.A. „Bud" Holzman. Die ersten Prototypen (1966 wurden acht Stück hergestellt) wurden in Fort Lewis, Washington, durch Mitglieder der U.S. Army Fourth Infantry Division getestet. Im Oktober 1966 startete die Produktion des verbesserten Modells, die Auslieferung begann mit dem Modell 1001 Anfang 1967. Besonders bei den in Vietnam eingesetzten U.S.-Soldaten wurde das Mark II zu einem der beliebtesten privat beschafften Messer.

Bis zur vorläufigen Einstellung der Produktion im Jahr 1999 gab es zahlreiche Änderungen. Bis 1969 wurde der Dolch unter dem Namen Mark II Combat verkauft, dann wurde der Name in Mark II Survival geändert. Bis 1980 kam für die Klinge der nicht-rostfreie Werkzeugstahl L6 zum Einsatz, der neben 0,7 Prozent Kohlenstoff geringe Mengen an Chrom (bis 1,2 %), Mangan (0,8%) sowie Molybdän und Nickel enthält. Diese Zusammensetzung macht den Stahl feinkörnig und bruchunempfindlich.

Ab 1980 wurde der L6 durch 440C abgelöst, von 1997 bis 2000 kam dann wiederum 440A zum Einsatz. Die heutige Ausführung wird aus 420HC gefertigt und schwarz beschichtet.

Typisch für das Mark II der ersten beiden Jahre ist auch der 5-Grad-Winkel zwischen Klinge und Griff, der dafür sorgen sollte, dass das Messer näher am Körper liegt. 1971 wurde eine relativ feine Sägezahnung eingeführt. Ab 1977 wurde diese stärker und aggressiver ausgeführt. Charakteristisch für die Mark-II-Messer bis 1980 ist die Taillierung der Klinge – heute würde man Recurve dazu sagen.

Auch die Griff- und Scheidengestaltung machte einige Veränderungen durch: Anfänglich hatten die Messer extrem raue, grau-schwarze Aluminiumgriffe, später dann nur noch schwarze Armorhide-Griffe. Man sieht jedoch auch ab und zu ein Mark II mit orangefarben oder gelb lackiertem Griff: Diese waren als Tauchmesser im Einsatz. Bis 1986 kam Leder (zunächst braunes, später schwarz gefärbtes) für die Scheiden zum Einsatz, danach nur noch Cordura. Die aktuelle Ausführung des Mark II ist auch heute noch ein gutes Kampfmesser, der Charme der alten Mark-II-Messer aus der Zeit des Vietnam-Kriegs fehlt allerdings.

Speziell für den Einsatz in Afghanistan und Irak hat Gerber die Wüstentarnversion des Mark II entwickelt. Die Scheide wurde passend zum Griff auch mit einem Digitaltarndruck versehen.

DATEN

Hersteller:	Gerber Legendary Blades
Modell:	Mark II
Klingenlänge:	172,0 mm
Klingenstärke:	6,4 mm
Klingenstahl:	420HC
Gesamtlänge:	405,0 mm
Gewicht (mit/ohne Scheide):	–/–
Griff:	Aluminium
Scheide:	Cordura
Alternativen:	Sammler-Editionen, Wüstentarn-Version
Herstellungsland:	USA
Versorgungsnummer:	keine (privat beschafft)

Gurkhas sind Meister im Umgang mit dem modernen Sturmgewehr und dem Kukri-Haumesser. Während des Afghanistaneinsatzes 2005 führten die Gurkhas des 2nd Battalion, The Royal Gurkha Rifles (2 RGR) Kukris. Sie waren doppelt so lang wie die, die heute üblicherweise von den Soldaten der Gurkha-Regimenter verwendet werden. Dieser Gurkha-Offizier wurde im Sommer 2005 bei Mazar-i-Scharif fotografiert.

GURKHA CHAINPURE

Traditionelles Kukri aus den Zeiten des Königs.

Seit Anfang des 19. Jahrhunderts sind die Gurkha-Soldaten an der Seite der Briten und Inder in beinahe allen Kriegsgebieten im Einsatz: Beim Indischen Aufstand von 1857, im Ersten Weltkrieg in den Schützengräben vor Galipoli, im Zweiten Weltkrieg in Nordafrika und dem italienischen Monte Cassino, 1982 auf den Falklandinseln gegen Argentinien, in den 1990ern als Teil der IFOR-Friedenstruppe in Ex-Jugoslawien, in Afghanistan im Rahmen des ISAF-Einsatzes und natürlich auch im Irak.

Bei dem Kukri des abgebildeten Soldaten handelt es sich um ein sogenanntes Chainpure (gesprochen „Dschainpuri"), das in dieser Klingenlänge in Nepal häufig zum Ziegenschlachten verwendet wird. Erkennbar ist das Chainpure an dem sehr charakteristischen Griff mit einer kleinen Messingplatte im Knauf, einer recht schmalen Klinge und der geschlossenen Aussparung in Griffnähe (Cho) – ein Zeichen des Gottes Shiva, das der Waffe göttliche Kraft im Kampf verleihen soll.

Da es den Gurkhas schon immer freigestellt war, welches Kukri sie im Einsatz tragen und die Nepalis allgemein alles Glänzende mögen, hat sich dieser Soldat für ein Chainpure in einer richtigen Prunkscheide entschieden. Üblicherweise wird das Chainpure in einer traditionellen Holz-Leder-Scheide verwahrt. Das Exemplar des Soldaten ist dagegen eine Zierscheide. Sie ist aus Holz und Metall gefertigt und zeigt eingelegte Staatsinsignien aus der Zeit, als Nepal noch einen König hatte: Unter anderem die Königskrone, gekreuzte Kukris, einen Fisch und mehr.

Das Kukri ist Teil der traditionellen Tracht der männlichen Nepalesen, die oft schon im Knabenalter ihr erstes Kukri bekommen. Den Umgang mit dem schweren Haumesser und Universalwerkzeug perfektionieren sie in vielen Jahren des täglichen Gebrauchs. In Nepal wird das Kukri (auch als Khukri oder Khukuri geschrieben) zur Essenszubereitung, dem Öffnen von Konservendosen und Kisten, zum Herrichten von Feuerholz und zum Wegbahnen durchs Unterholz benutzt.

Die in Nepal von Hand geschmiedete Klinge des Chainpure besteht aus dem gleichen zähen Carbonstahl ausgedienter Lkw-Federn, aus denen auch das Kukrimodell British Service No 1. gefertigt wird. Der Klingenrücken weist eine Stärke von beeindruckenden zehn Millimeter auf. Der Klingenkörper und der Rücken werden nicht so hoch gehärtet wie der Schneidenbereich, um der Klinge Flexibilität zu geben. Die Klinge eines derart dimensionierten Kukris zu zerstören, ist mit normalen Mitteln fast unmöglich.

Typisches Merkmal des Chainpure: die kleine Messing-Abschlusskappe.

Cho, das Loch in der Klinge, symbolisiert das Auge Shivas.

DATEN

Hersteller:	Nepalesische Schmiede
Modell:	Chainpure
Klingenlänge:	390,0 mm
Klingenstärke:	10,0 mm
Klingenstahl:	Federstahl
Gesamtlänge:	550,0 mm
Gewicht (mit/ohne Scheide):	1.100/700 g
Griff:	Holz
Scheide:	Holz/Metall
Herstellungsland:	Nepal
Versorgungsnummer:	keine (privat beschafft)

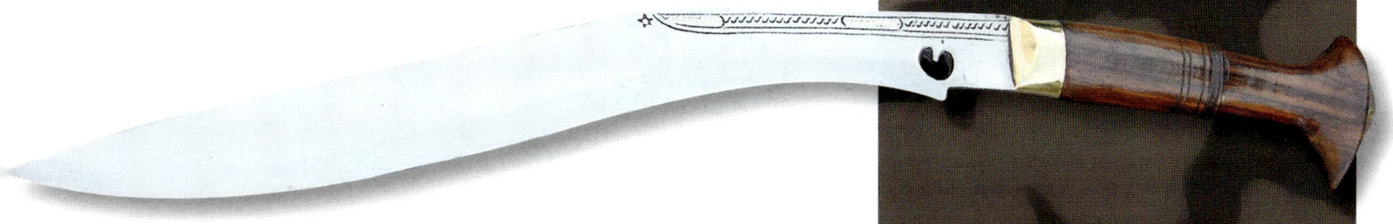

Zum britischen Heer gehören noch zwei Gurkha-Infanteriebataillone. Das 1st Battalion, The Royal Gurkha Rifles (1 RGR) und das 2nd Battalion, The Royal Gurkha Rifles (2 RGR). Das in Brunei stationierte 2 RGR ist die einzige Einheit, die permanent für den Dschungelkampf übt. Im Foto ein MG-Schütze von 2 RGR im Sommer 2005 in Nordafghanistan.

BRITISH SERVICE NO.1 KUKRI

Durchschlagstarkes Elite-Kampfmesser mit langer Tradition.

Nach einem militärischen Konflikt zwischen der britisch-indischen Koalition und Nepal (damals unter Herrschaft des Gurkhakönigs Prithvia Narayan), den die Engländer zu ihren Gunsten entschieden, erhielt Großbritannien das Recht, für seine eigene und die indische Armee aus den nepalesischen Stämmen Söldner zu rekrutieren. Seit 1814 sind die Gurkha-Soldaten in nahezu allen Kriegsgebieten dieser Welt im Einsatz.

Das Kukri, das von der Bevölkerung Nepals mindestens seit Mitte des 17. Jahrhunderts als Allzweckwerkzeug und Waffe benutzt wird, gehört zur Standardausrüstung der Gurkha-Soldaten. Das Kukri Service No. 1 der British Army Gurkhas findet sich bei ihnen am häufigsten. Bis in die 1950er war eine etwas größere und breitere Klinge der allgemeine Standard. Mit einer rund 26 Zentimeter langen Klinge ist das British Service No. 1 für Kukri-Verhältnisse relativ handlich.

Es wird in Ost-Nepal hergestellt und besteht aus den typischen Kukri-Materialien: Für die geschmiedete, gekrümmte Klinge kommt nicht-rostfreier Federstahl zum Einsatz. Die selektive Härtung der Klingen (der Schneidenbereich wird höher gehärtet als der Klingenkörper) und die beachtlichen Klingenrückenstärken von bis zu zehn Millimetern machen die Kukri zu ernsthaften Haumessern, Werkzeugen und eben auch Waffen.

Typisch für das Kukri ist die nach unten abgewinkelte Klinge, die Verbreiterung der Klinge ab dieser Biegung und die unterhalb der Griffmittellinie liegende Spitze. Der Balancepunkt liegt relativ weit vorn. Dadurch und duch die nach unten gezogene Schneide eignet sich das Kukri besonders gut zum Hacken.

Als Griffmaterial für das Service No. 1 kommt Wasserbüffelhorn zum Einsatz, das mit der Angel verleimt ist. Als Kleber wird Baumharz (Laha) verwendet. Der Knauf ist verschraubt. Die Scheide (Chape) besteht aus lederbezogenem Holz. Typisch für Kukri sind auch die beiden Werkzeugklingen, die ebenfalls in der Scheide Platz finden: das Chakma, ein kleiner Stahl zum Schärfen und Funkenschlagen, und das Karda, ein kleines Beimesser für feine Schneidaufgaben. Das British Service No. 1 ist ein echtes Allzweckwerkzeug und in geübten Händen eine gefährliche Angriffs- und Verteidigungswaffe.

Den Übergang zwischen Klinge und Griff bildet ein Messingelement, wobei man hier nicht von Handschutz sprechen kann.

Die traditionelle Kukri-Scheide mit zwei kleinen Beimessern.

DATEN

Hersteller:	Nepalesische Schmiede
Modell:	British Service No. 1
Klingenlänge:	265,0 mm
Klingenstärke:	9,0 mm
Klingenstahl:	Federstahl
Gesamtlänge:	375,0 mm
Gewicht (mit/ohne Scheide):	640/440 g
Griff:	Wasserbüffelhorn
Scheide:	Holz/Leder
Herstellungsland:	Nepal
Versorgungsnummer:	keine (privat beschafft)

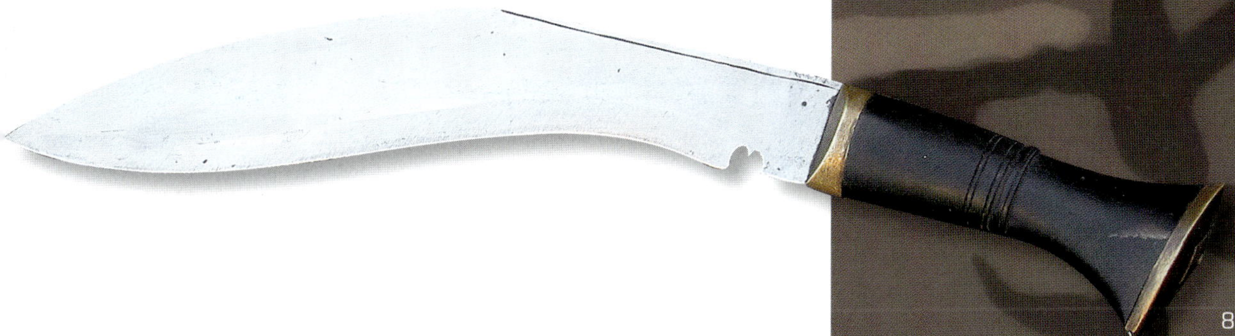

Sergeant Wagner führt ein BK7-Kampfmesser von Becker Knife and Tool. Bewaffnet ist er mit einem M4A1-Karabiner im Kaliber 5,56 mm, der mit einem Trijicon-ACOG-Visier bestückt wurde. Der M4A1 gehört zur M16-Familie und ist mit ausgezogener Schulterstütze 854 mm lang. In den letzten Jahren hat er bei den Infanterieverbänden der U.S. Army das 1.000 mm lange M16 Sturmgewehr als Standardwaffe ersetzt.

BECKER KNIFE & TOOL COMBAT UTILITY KNIFE CM-BK7

Modernes Einsatzmesser mit guten Allround-Eigenschaften.

Das BK Combat Utility Knife ist ein moderner Klassiker. Es war eines von insgesamt neun Modellen, die Ethan Becker (gelernter Koch, Outdoor-Profi, ehemaliger Präsident der Bergsportfirma Colorado Mountain Industries) entwickelt hatte und in Zusammenarbeit mit dem Messerhersteller Camillus produzierte. 2007 ging Camillus Konkurs, doch Becker gelang es, sich seine Designs zu sichern. Seit 2009 werden seine Modelle von Ka-Bar gefertigt.

Das BK7 wurde für Soldaten entwickelt, die das Messer nicht nur als Notfallwaffe benötigen, sondern täglich damit arbeiten. Man erkennt einige Parallelen zum MK-2-Kampfmesser, das Camillus während des Zweiten Weltkriegs produzierte. Das BK7 hat eine beinahe 18 Zentimeter lange Clip-Point-Klinge. Knapp unterhalb des 4,8 Millimeter starken Rückens ist das Messer mit einem Flachschliff versehen, was zu einer Klingengeometrie führt, mit der sich gut schneiden lässt, die aber auch härtere Beanspruchungen wie hacken und hebeln übersteht.

Der niedrig legierte, nicht rostfreie 0170-6C-Stahl wurde vom nicht mehr existierenden Hersteller Sharon Steel entwickelt. Er enthält rund ein Prozent Kohlenstoff und geringe Anteile von Chrom und Vanadium. Die Firma Cold Steel verwendet einen ganz ähnlichen Stahl unter der Bezeichnung Carbon V. Der Stahl hat ein feines Gefüge und gilt als zäh und schnitthaltig. Eine gute Wahl für eine Gebrauchsklinge. Zum Schutz vor Rost ist die Klinge mit einer schwarzen Epoxyd-Beschichtung überzogen.

Der Erl reicht in voller Länge durch den Griff. Am Ende steht ein kleines Stück über, das man als Schlaghilfe benutzen kann. Für die Griffschalen kommt GV6H zum Einsatz, ein hoch belastbarer, glasfaserverstärkter Kunststoff. Der Knebel und der Griffabschluss sind stark nach unten gezogen, um der Hand guten Halt zu geben.

Im Gegensatz zu den anderen BK&T-Modellen ist das BK7 nicht mit einer reinen Kydex-Scheide ausgestattet, sondern mit einer Nylonscheide mit Kydex-Einlage. In einer Fronttasche lassen sich zusätzliche Ausrüstungsgegenstände (Multitools, Schärfer, usw.) unterbringen. In der Scheide kann das Messer am Gürtel, aber auch per A.L.I.C.E.-Clip-Vorrichtungen an der taktischen LBE-Weste getragen werden. Das BK7 Combat Utility ist ein gefälliges Survival- und Kampfmesser mit guten Allgemeineigenschaften.

Kaum zu erkennen neben dem Funkgerät: Eine Außentasche an der Schutzweste nimmt das BK-7 auf.

Die BK7-Scheide hat eine Vortasche für Tools oder Schärfer auf der Vorderseite.

DATEN

Hersteller:	Ka-Bar Knives, Inc.
Modell:	CM-BK7
Klingenlänge:	178,0 mm
Klingenstärke:	4,8 mm
Klingenstahl:	0170-6-C
Gesamtlänge:	318,0 mm
Gewicht (mit/ohne Scheide):	500/370 g
Griff:	GV6H
Scheide:	Nylon
Herstellungsland:	USA
Versorgungsnummer:	keine (privat beschafft)

2009 umfasste das neue irakische Heer 260.000 Soldaten und gliederte sich in 16 Divisionen mit insgesamt 105 Kampftruppenbataillonen. Dieser Soldat der 14th Division wurde im Oktober 2008 in Basra fotografiert. Seine Aufgabe ist die Sicherung einer Brücke über den Schatt al-Arab. Am Hosengürtel trägt er ein Ka-Bar Black Tanto.

KA-BAR BLACK TANTO

Modernes Kampfmesser mit japanischem Einfluss.

Seit 1942 stattet die amerikanische Firma Ka-Bar Soldaten mit Einsatzmessern aus. Das hier am Gürtel getragene Messer bedient sich klassischer und bewährter Konstruktionsmerkmale. Vor allem mit dem 1095-Kohlenstoffstahl, der bei Ka-Bar auf etwa 57 Grad Rockwell C gehärtet wird, hat man ganz offensichtlich gute Erfahrungen gemacht, den er kommt bei fast allen Militärmessern zum Einsatz. Mit einem Anteil von knapp einem Prozent Kohlenstoff und nur wenigen weiteren Zusatzlegierungen, die in sehr geringen Mengen vorliegen (0,5 % Schwefel, 0,4 % Phosphor, 0,8 % Mangan), ist der Stahl sehr feinkörnig und relativ hoch härtbar (bis zu 61 HRC), was bei Ka-Bar jedoch zu Gunsten der Bruchelastizität und Nachschärfbarkeit nicht komplett ausgenutzt wird.

Die Tanto-Klinge behält über große Teile die maximale Stärke von 4,2 Millimetern und ist damit sehr stabil. Auch einen gewissen Missbrauch als Stemmeisen oder Trittleiter nimmt so eine Klinge nicht krumm. Die Klinge ist beidseitig hohl geschliffen, der Anschliffwinkel beträgt zweimal 20 Grad. Das ergibt eine stabile, aber dennoch relativ schneidfreudige Geometrie. Neben einer glatten Schneide gibt es auch noch eine Version mit partiellem Wellenschliff. Obwohl der Klingenrücken von der Spitze aus über mehrere Zentimeter mit einer falschen Schneide versehen ist, ist die Spitze dennoch stabil genug, um auch harte Materialien wie Blech oder Aluminium problem- und schadlos zu durchdringen.

Anstelle eines Griffs aus Lederscheiben, wie man ihn bei Ka-Bar häufig sieht, kommt beim Black Tanto Kraton-Gummi zum Einsatz. Die ovale Formgebung und die fünf um laufenden Einkerbungen kennt man von den alten Ka-Bar-Modellen wie dem USMC. Diese Griffgestaltung hat sich bewährt, da sie die Hand gut ausfüllt und rutschfest ist. Zur Klinge hin schützt ein ausgeprägtes, beidseitiges Parierelement die Hand vor dem Nach-vorne-Rutschen. Die Griffabschlusskappe besteht aus pulverbeschichtetem 1095-Stahl und kann zum Hämmern verwendet werden.

Eine Scheide aus Kunststoff nimmt das Messer sicher auf. An der Gürtelschlaufe aus Nylon kann es am Gürtel befestigt werden: Zahlreiche Ösen und Aussparungen am Rand der Scheide lassen aber auch andere Befestigungsmöglichkeiten zu. Per Griffriemen und einem weiteren Riemen, der über den Handschutz läuft (beide mit Druckknopfverschluss) kann das Messer zusätzlich in der Scheide gesichert werden.

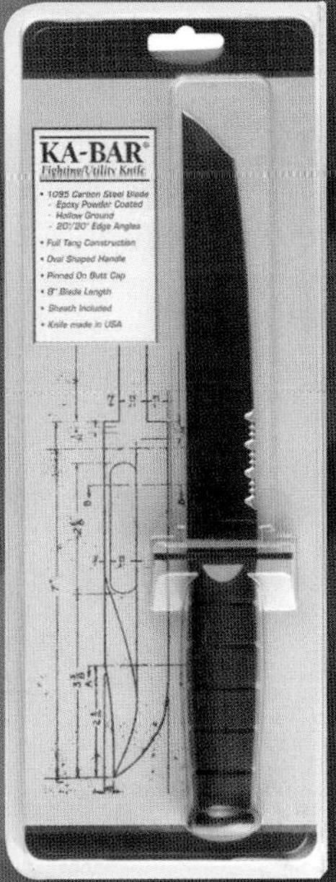

In solchen spartanischen Kunststoffverpackungen werden die Messer in speziellen Shops für U.S. Soldaten angeboten.

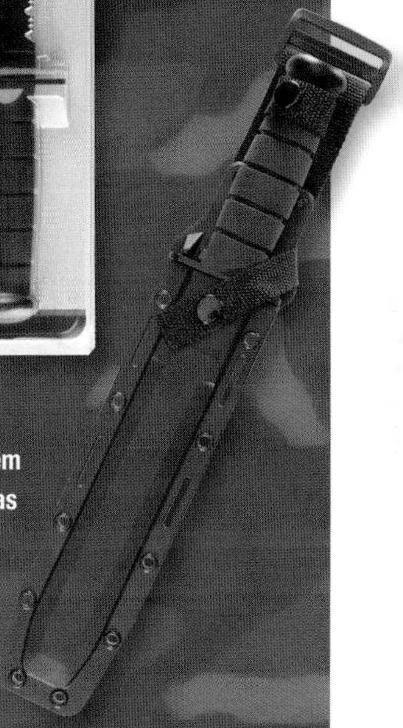

Die Scheide aus thermoplastischem Kunststoff hält das Messer mit Hilfe von zwei Sicherungen.

DATEN

Hersteller:	Ka-Bar Knives, Inc.
Modell:	Black Tanto
Klingenlänge:	134,0 mm
Klingenstärke:	4,2 mm
Klingenstahl:	1095
Gesamtlänge:	238,0 mm
Gewicht (mit/ohne Scheide):	–/170 g
Griff:	Kraton
Scheide:	Kunststoff
Herstellungsland:	USA
Versorgungsnummer:	keine (privat beschafft)

An dem Riemensystem seiner Schutzweste hat Specialist Zell ein Ka-Bar Large TDI befestigt. Er gehört zur Besatzung eines M1126 Stryker ICV Radschützenpanzers des 1st Battalion, 38th Infantry Regiment des 4th Stryker Brigade Combat Team der 2nd Infantry Division. Die Stryker Brigade Combat Teams sind mit 8x8-Radschützenpanzern ausgerüstet.

KA-BAR LARGE TANTO TDI KNIFE

Back-Up-Messer für Profis.

Eine Nummer kleiner: Das Small TDI mit coyote-braunen Griffschalen.

Das hier im Foto links an den M.O.L.L.E.-Schlaufen getragene Messer ist das größte Modell der TDI-Serie, die in Zusammenarbeit mit John Brenner vom amerikanischen Tactical Defense Institute entwickelt wurden. Ursprünglich war diese Serie speziell als Selbstverteidigungsmesser für Polizeibeamte gedacht. Die kleineren Modelle können unter dem Einsatzgürtel – vorzugsweise gegenüber dem Pistolenholster im vorderen Hüftbereich – oder am Unterschenkel getragen werden. Typisch für die TDI-Serie ist der Winkel zwischen Klinge und Griff – das Messer lässt sich wie eine Pistole greifen und ziehen. Diese Bewegung haben viele Polizisten verinnerlicht und können sie auch in Stresssituationen sicher ausführen.

Das Large Tanto wurde vor allem für Soldaten entwickelt, die das Messer offen an der Ausrüstung tragen. An der Rückseite der Kunststoffscheide, in der das Messer sehr sicher sitzt, können flexible Cordura-Schlaufen befestigt werden, mit denen sich das Messer am Gürtel oder an M.O.L.L.E.-Schlaufen befestigen lässt. Die 9,4 Zentimeter lange Klinge behält über große Teile der Länge und drei Viertel der Breite die maximale Klingenstärke von drei Millimetern. Der Anschliff ist hohl, die Schneide ist im 20-Grad-Winkel (40 Grad gesamt) geschliffen. Als Stahl kommt japanischer AUS-8 zum Einsatz, der auf 57 bis 59 Grad Rockwell C gehärtet wird. Der Stahl gilt zwar als rostträge, dennoch ist er zusätzlich mit einer schwarzen, relativ rauen Pulver-Epoxyd-Beschichtung überzogen.

Der Erl reicht in voller Stärke durch den Griff. Die strukturierten Zytel-Schalen sind per Torx-Schrauben befestigt. Die Handlage ist wirklich außergewöhnlich gut. Dazu tragen auch die Riffelungen bei, die am Übergang zwischen Klingenrücken und Griff sowie seitlich am hinteren Griffende angebracht sind. Auch wenn das Messer zu Selbstverteidigungszwecken entwickelt wurde, lässt es sich auch für viele andere Aufgaben einsetzen. Auch der Winkel zwischen Klinge und Griff stört kaum – es sei denn, man ist zum Küchendienst eingeteilt und soll auf dem Schneidbrett Zwiebelringe schneiden. Zudem ist das Messer ziemlich stabil.

Durch die rückwärtigen Bänder kann die Scheide auch an M.O.L.L.E.-Westen getragen werden.

DATEN

Hersteller:	Ka-Bar Knives, Inc.
Modell:	Large TDI Tanto
Klingenlänge:	94,0 mm
Klingenstärke:	3,0 mm
Klingenstahl:	AUS-8
Gesamtlänge:	192.0 mm
Gewicht (mit/ohne Scheide):	–/– g
Griff:	Zytel
Scheide:	Kunststoff
Alternativen:	Drop-Point, verschiedene Größen, Griffschalen und Scheiden in unterschiedlichen Farben
Herstellungsland:	Taiwan
Versorgungsnummer:	keine (privat beschafft)

Seit dem 2. Weltkrieg gehört „das Ka-Bar“ zur Ausrüstung der U.S. Marines. Bis heute erfreut es sich großer Beliebtheit. Dieser „Gunner“ der I Battery, 3rd Battalion, 11th Marine Regiment führt ein Ka-Bar USMC. Er gehört zur Besatzung einer 155 mm M777A2 Feldhaubitze und bringt gerade eine M107-Sprenggranate zum Geschütz.

KA-BAR USMC FIGHTING KNIFE

Seit 1942 im Einsatz, ist das USMC eines der berühmtesten Kampfmesser.

Kurz nachdem die USA in den Zweiten Weltkrieg eintraten, belieferte die Union Cutlery Company (der Firmenname Ka-Bar wurde erst 1952 offiziell eingeführt) die Armee mit einem Ka-Bar-gekennzeichneten Militärmesser, das in Zusammenarbeit mit dem Marine Quartermaster Department an die Bedürfnisse der Soldaten angepasst wurde. Diese waren mit den zuvor ausgelieferten „M1917"-Bajonetten und „Mark I"-Dolchen unzufrieden.

Das Design des „United States Marine Corps"-Messers geht auf ein seit Ende des 19. Jahrhunderts gefertigtes Jagdmesser zurück. Die Klinge wurde für die Marines jedoch etwas verlängert und mit einer Hohlkehle versehen. Zum Griff hin wurde ein beidseitiges Parierelement angebracht, am hinteren Griffende findet sich eine vernietete Abschlusskappe aus Stahl. Der Bedarf an den USMC-Messern war so groß, dass auch andere Hersteller von der US-Regierung beauftragt wurden, dieses Modell zu fertigen, darunter die Ontario Knife Company, Camillus Cutlery und Case – das Original jedoch stammt von Ka-Bar. Diese Firma allein fertigte im Laufe des Krieges mehr als eine Million USMC-Messer. Auch heute noch wird das legendäre Kampfmesser in Oleans, USA, produziert, wie man an der Klingenstempelung sehen kann.

Das Design, das seit mehr als 65 Jahren unverändert ist, hat auch heute noch seine Berechtigung. Die fast 18 Zentimeter lange Clip-Point-Klinge besteht aus 1095-Stahl (56-58 HRC), der zwar nicht besonders rostträge ist, dafür jedoch feinkörnig, bruchelastisch und leicht nachschärfbar. Zum Schutz vor Rost werden Klinge, Handschutz und Knebel mit einer schwarzen Pulver-Epoxyd-Beschichtung versehen. Der flache Anschliff der Klinge beginnt erst ab dem unteren Drittel der Klingenbreite. Mit 4,3 Millimetern ist die Klinge sehr stabil, so dass das Messer auch für leichtere Hebelarbeiten und zum Öffnen von Konservendosen eingesetzt werden kann. Mit der Abschlusskappe aus Stahl lassen sich Zeltheringe einschlagen.

Das Marine Combat Knife ist ein echtes Allroundmesser. Der ovale Griff aus gepressten Lederscheiben fühlt sich gut an und liegt angenehm und sicher in der Hand. Das USMC ist ein Klassiker und tut auch heute noch zuverlässig seinen Dienst – nicht nur bei den Marines, sondern auch bei vielen anderen Einheiten.

Optional ist auch eine Kydex-Scheide zu haben.

Standardmäßig gehört zum Messer die vernietete Lederscheide mit USMC-Prägung.

DATEN

Hersteller:	Ka-Bar Knives, Inc.
Modell:	USMC
Klingenlänge:	178,0 mm
Klingenstärke:	4,3 mm
Klingenstahl:	1095
Gesamtlänge:	302,0 mm
Gewicht (mit/ohne Scheide):	420/300 g
Griff:	Leder
Scheide:	Leder
Alternativen:	mit Wellenschliff, diverse Sonderausgaben
Herstellungsland:	USA
Versorgungsnummer:	NSN 1095-00-392-4102

Lange Zeit herrschte Al-Qaida über die ländlich geprägte Region im Südosten von Baqubah. Die Landbevölkerung floh vor den Terroristen oder wurde von ihnen gezwungen, sie zu unterstützen. Zudem diente die Region als Operationsbasis für die Terroristen. Im Januar 2008 startete die irakische Armee eine Offensive in der Region. Ort für Ort wurde in erbitterten Kämpfen der Herrschaft von Al-Qaida entrissen. Zusammen sichern hier irakische Truppen und U.S.-Soldaten des 2nd Battalion, 12th Field Artillery Regiment amerikanische Lkw mit Versorgungsgütern für die irakischen Truppen. Am Unterschenkel des rechten Beins trägt der irakische Soldat im Vordergrund ein Next-Generation-Kampfmesser von Ka-Bar.

KA-BAR NEXT GENERATION

Die Neuauflage des originalen USMC-Messers.

Mitte der 90er Jahre entstand bei Ka-Bar die nächste Generation des USMC-Klassikers in völlig neuem Gewand. Die Klinge besteht nicht aus dem Kohlenstoffstahl 1095, der bei Ka-Bar oft zum Einsatz kommt, sondern aus Pulver-Epoxyd-beschichtetem 440A. Dieser Stahl enthält rund 0,3 Prozent weniger Kohlenstoff als 1095 (also zirka 0,65 Prozent), dafür jedoch Zusatzlegierungen wie zum Beispiel 17 Prozent Chrom. Das sorgt zusammen mit der Beschichtung für eine sehr hohe Rostbeständigkeit, weshalb das Messer relativ wenig Pflege braucht. 440A ist leicht nachzuschärfen und bricht auch bei Hebelbelastungen nicht allzu leicht.

Die 17 Zentimeter lange Bowieklinge ist bis zu 4,3 Millimeter stark und beidseitig flach geschliffen. Der Anschliffwinkel der Schneide liegt bei insgesamt 40 Grad – stabil und dennoch schneidfreudig. Die Klingenseiten sind oberhalb des Schliffs auf beiden Seiten mit Hohlkehlen versehenen, um das Einsatzmesser insgesamt etwas leichter und grifflastiger zu machen.

Völlig neu ist dieses Modell auch bei der Griffkonstruktion: Als Griffmaterial kommt anstelle von Leder moderner Kraton-Kunststoff zum Einsatz, der auch bei Nässe eine überzeugende Griffsicherheit bietet. Ein Abrutschen der Hand wird zusätzlich durch die fünf umlaufenden Rillen, den Abschlussknauf und den nach unten gebogenen Handschutz verhindert. Knauf und Handschutz bestehen ebenfalls aus 440A.

Als einer der ersten Hersteller bot Ka-Bar das Next Generation mit einer Kydex-Scheide an, die von dem amerikanischen Hersteller Blade Tech gefertigt wurde. Das Messer saß ohne zusätzliche Sicherung fest in der Scheide und konnte blitzschnell zum Einsatz gebracht werden. Zum Abseilen oder Fallschirmspringen brachte man am Kopfende der Scheide einen zusätzlichen Sicherungsring aus Gummi an. Die Fertigung dieser innovativen Kydex-Scheide wurde aber zwischenzeitlich eingestellt. Stattdessen wird das Next Generation mit einer vereinfachten Kunststoff-Scheide angeboten oder alternativ mit Cordura- oder Lederscheide. Während die Lederscheide nur die klassische Trageweise am Koppel gestattet, kann die Cordura-Version mit Durchstechschutz am Load Bearing Gear oder dem Rucksack befestigt werden.

Für Kunden, die auf einen schnitthaltigeren Stahl zurückgreifen wollen, gibt es das Next Generation als Extreme Fighting Knife mit D2-Stahlklinge (1,5% Kohlenstoff und zirka 12% Chrom) und einer Abschlusskappe aus nicht-rostfreiem 1095-Stahl.

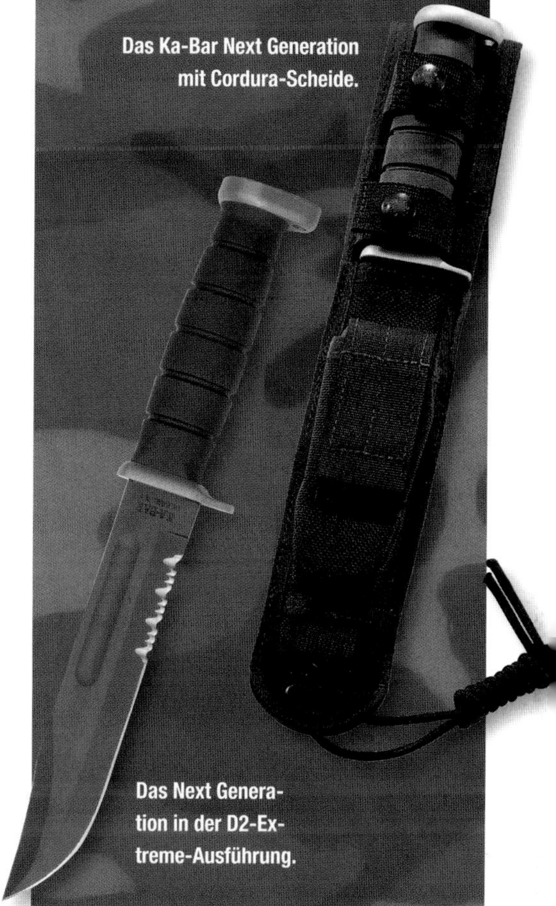

Das Ka-Bar Next Generation mit Cordura-Scheide.

Das Next Generation in der D2-Extreme-Ausführung.

DATEN

Hersteller:	Ka-Bar Knives, Inc.
Modell:	Next Generation
Klingenlänge:	178,0 mm
Klingenstärke:	4,3 mm
Klingenstahl:	440A
Gesamtlänge:	302,0 mm
Gewicht (mit/ohne Scheide):	–/354 g
Griff:	Kraton
Scheide:	Kunststoff
Alternativen:	mit Wellenschliff, mit D2-Klinge
Herstellungsland:	USA
Versorgungsnummer:	keine (privat beschafft)

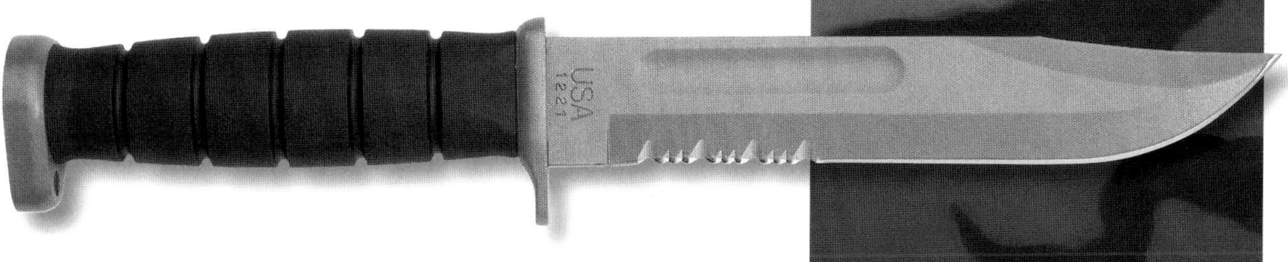

Der MV-22 „Osprey“ Kipprotortransporter gab im Rahmen der Operation „Iraqi Freedom“ sein Debüt auf dem Gefechtsfeld. Ab Oktober 2007 wurden zehn MV-22 Osprey im Westirak stationiert. Bei Captain Elizabeth A. Okoreeh-Baah handelt es sich um die erste Frau, die zur Pilotin auf der MV-22 Osprey ausgebildet wurde. Zu ihrer Pilotenausstattung gehört ein Ka-Bar Warthog. Das Bild wurde im Januar 2008 auf dem Al-Asad-Flugfeld aufgenommen.

KA-BAR WARTHOG

Einsatzmesser mit massiver Klinge.

Ka-Bar scheint sich bei der Benennung dieses Modells (das nicht mehr im Programm ist) Gedanken gemacht zu haben. Ähnlich wie der tierische Namensgeber, das Warzenschwein, ist das Messer keine Schönheit. Fast schon bizarr wirken die extrem breite und geschwungene Klinge und der breite, wehrhafte Handschutz. Für feinere Schneidaufgaben ist dic Klinge zu breit, zum Hacken könnte die wuchtige Klinge etwas länger sein, beim Graben stört der Handschutz. Und dennoch: Als Militärmesser, mit dem man vom Zurechtschneiden von Seilen, Schläuchen und Kabeln bis zum Zerkleinern von Holz, Öffnen von Verpflegungsrationen, Aufstemmen von Kisten und auch im Notfall zur Selbstverteidigung alles machen können sollte, ist das Warthog gar nicht so schlecht geeignet.

Zum Durchtrennen aller möglichen Materialien ist das Messer gut geeignet. Und auch beim Hacken schlägt sich die verhältnismäßig kurze, aber breite Klinge ganz ordentlich. Der nicht-rostfreie 1095-Stahl (der jedoch Pulver-Epoxyd-beschichtet ist, was etwas Schutz verleiht) ist feinkörnig und zäh, was bedeutet, dass er auch Misshandlungen (Stürze, Querbelastungen) gut wegsteckt. Zudem lässt er sich mit einfachen Mitteln nachschleifen.

Die breite Klinge geht in eine Flachangel über, die innerhalb des ovalen Kraton-Griffs verläuft und am hinteren Griffende mit dem Abschlussknauf aus 1095-Stahl vernietet ist. Der sehr breite Handschutz schützt davor, mit der Hand auf die Klinge zu rutschen. Die Querrillen und das gummiartige Material erhöhen die Griffsicherheit zusätzlich und lassen ermüdungsfreies Arbeiten zu. Ein guter Griff ist unersetzlich – und damit kann das Warthog durchaus aufwarten.

Auch eine passgenaue und durchstechsichere Scheide trägt erheblich zum Nutzen eines feststehenden Messers bei. Beim Warthog besteht die Scheide aus glasfaserverstärktem Kunststoff und einer Gürtelaufhängung aus Nylon. Zwei Riemen, einer für den Griff, der andere fürs Parierelement (beide per Druckknopf verschließbar), sichern das Messer. Die zahlreichen Scheidenösen erlauben zusätzlich zur Trageweise am Gürtel auch alternative Befestigungsmöglichkeiten. Die Pilotin im Bild hat die Scheide beispielsweise mit zwei Kabelbindern an den horizontalen Schlaufen ihrer Weste befestigt. Die Trageweise mit Uhr ist etwas speziell, spricht aber dafür, dass diese Pilotin ihr Messer vor allem als Werkzeug sieht und nicht als Kampfmesser, das im Notfall blitzschnell zur Verfügung stehen muss.

Die Scheide bietet dank der zahlreichen Schlitze und Ösen vielfältige Befestigungsmöglichkeiten.

Der Warthog Folder nimmt das Klingendesign des feststehenden Modells auf.

DATEN

Hersteller:	Ka-Bar Knives, Inc.
Modell:	Warthog
Klingenlänge:	137,0 mm
Klingenstärke:	4,3 mm
Klingenstahl:	1095
Gesamtlänge:	257,0 mm
Gewicht (mit/ohne Scheide):	460/354 g
Griff:	Kraton
Scheide:	Kunststoff
Alternativen:	Warthog Folder
Herstellungsland:	USA
Versorgungsnummer:	keine (privat beschafft)

Bei diesem Soldaten handelt es sich um einen Angehörigen der 525th Battlefield Surveillance Brigade. Die Brigade hat den Auftrag, Informationen über den Feind zu sammeln. An seiner Schutzweste trägt der Soldat ein Kershaw-Stiefelmesser.

KERSHAW MILITARY BOOT KNIFE

Militärmesser mit deutschen Wurzeln für Anhänger traditioneller Formen.

Das Kershaw Military Boot Knife K4351 mit Scheide.

Das Military Boot Knife von Kershaw lässt eine Vielzahl von Tragemöglichkeiten zu: Per Klettverschluss-Riemen an den M.O.L.L.E.-Schlaufen, unter der Achsel mit dem Griff nach unten (mit serienmäßigem Schulterriemen), am Unterschenkel oder dem Arm. Nur angeklippt am Stiefel, wie der Name vermuten lässt, das geht nicht. Die Bezeichnung „Stiefelmesser" beruht auf der klassischen Form des Messers.

In den 80er Jahren wurde das Originalmesser von der Firma Anton Wingen/Othello in Solingen hergestellt. Ebenfalls als im Gesenk geschmiedetes Vollangelmesser und mit einer Lederscheide. Gut erhaltene Originale dieses Messers bringen bei Internetauktionen stattliche Preise. Das Kershaw Military Boot Knife wird als exakte Kopie in China gefertigt. Für Klinge und Angel kommt 1.4116-Stahl zum Einsatz. Dieser Stahl, der zirka 0,5 Prozent Kohlenstoff und 14,5 Prozent Chrom enthält, gilt als sehr pflegeleicht. Die Schnitthaltigkeit ist nicht allzu hoch, aber passabel. Bei der Herstellung wird der glühende Stahlrohling in eine zweiteilige Hohlform (Ober-/Untergesenk) gelegt, die der Form des Messers entspricht. Eine Schmiedepresse schließt das Gesenk und formt den Rohling.

Klinge, Handschutz, Griffbacken und Abschlussknauf bestehen bei einem Vollintegralmesser wie dem Kershaw-Modell aus einem Stück Stahl. Diese Konstruktionsweise ist extrem robust. Für die eingelegten und zweifach vernieteten Griffschalen kommt der thermoplastische Kunststoff Polyoxymethylen (POM) zum Einsatz. Dieses Material ist hochfest, die Zähigkeit bleibt bis minus 40 Grad bestehen. Riffelungen und Fingermulden sucht man beim Military Boot Knife vergeblich, auch das Parierelement ist nicht besonders stark ausgeprägt. Der relativ schmale, beinahe oval geformte Griff ermöglicht jedoch schnelle Griffwechsel. Als Material für die Scheide wird Kunststoff verwendet.

Die 11,5 Zentimeter lange Klinge ist auf dem Rücken nicht geschärft, sondern nur mit einer falschen Schneide versehen. Die Klingenspitze liegt oberhalb der Klingenmittellinie und ist relativ dünn. Ein Einsatzmesser für schwere Aufgaben sieht anders aus. Als Notfall- und Verteidigungsmesser jedoch kann das Military Boot Knife eine gute Wahl sein.

DATEN

Hersteller:	Kershaw Knives – Kai USA
Modell:	K4351 Military Boot Knife
Klingenlänge:	115,0 mm
Klingenstärke:	4,0 mm
Klingenstahl:	1.4116
Gesamtlänge:	229,0 mm
Gewicht (mit/ohne Scheide):	–/130 g
Griff:	POM
Scheide:	Kunststoff
Herstellungsland:	China
Versorgungsnummer:	keine (privat beschafft)

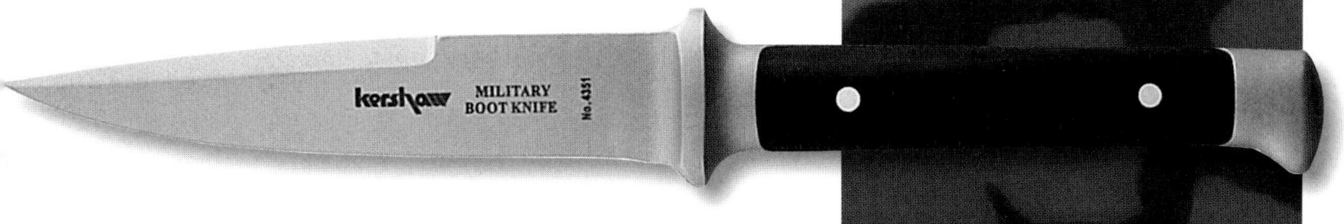

Bei der 39th Infantry „Bowie Brigade" handelt es sich um eine Brigade der Arkansas Army National Guard. Zwischen März 2004 und April 2005 operierte der Verband unter Führung der 1st Cavalry Division in einem Raum, der im Norden an das Stadtgebiet von Bagdad angrenzt. Als Statussymbol führen die Offiziere der Brigade ab dem Dienstgrad Major sowie Unteroffiziersdienstgrade ab dem Sergeant Major (vergleichbar mit dem deutschen Stabsfeldwebel) speziell für die Brigade gefertigte Bowiemesser. Hier ist Sergeant Major Easley mit seinem Bowie Knife zu sehen, das von Kenny Teague gefertigt wurde.

BOWIE BRIGADE KNIFE

Das legendäre Bowiemesser der 39th Infantry Brigade aus Arkansas.

„Bei den Irakern geht das Gerücht um, dass der einzige Weg, um dieses Abzeichen zu bekommen, darin besteht, jemanden mit einem Messer zu töten“, erklärt Brigadegeneral Ronald Chastain, der Kommandeur der 39th Infantry Brigade. Er fügt lächelnd hinzu: „Dabei stehen der Diamant und das Bowiemesser in unserem Verbandsabzeichen doch nur als Symbole für unsere Heimat, den Bundesstaat Arkansas“. Der Diamant in dem Abzeichen erinnert an die natürlichen Diamantenvorkommen in Arkansas. Hier liegt die einzige Diamantenmine in Nordamerika. Die Form des Bowiemessers, das durch den amerikanischen Nationalhelden Jim Bowie berühmt wurde, kommt ursprünglich aus Arkansas. In den Gründungszeiten der USA war die Bevölkerung von Arkansas bekannt dafür, große Jagdmesser zu führen und diese auch bei jeder Gelegenheit zu benutzen. Gleichzeitig steht das Bowiemesser auch als Symbol für die Infanterie und deren Fähigkeit, ihre Ziele auch im Nahkampf zu erreichen.

Als Colonel Ray Camp, der damalige Brigadekommandeur, 1967 das neue Ärmelabzeichen der 39th Infantry Brigade zum ersten mal sah, war er davon überzeugt, dass die Offiziere der Brigade Bowiemesser als Erkennungsmerkmal zu ihrer Uniform tragen müssten. Ein Privileg, das erst einige Zeit später, nach einer Petition durch die Brigade, offiziell von der Armee genehmigt wurde. Bei der Suche nach einem geeigneten Messer und einem Messerschmied, der es in Serie fertigen konnte, wurde die Brigade bei Jimmy Lile in Russellville fündig. James B. Lile galt schon damals als einer der besten Messerschmiede in Arkansas, und sein Ruf reichte weit über die Grenzen des Bundesstaates hinaus.

Lile entwickelte für die Brigade ein Bowiemesser mit einer Klinge aus D2-Stahl. Form und Länge der Klinge wurden gegenüber dem Original-Bowie geändert, um eine größere Nahkampftauglichkeit zu gewährleisten. Die Parierstange fertigte Lile aus Messing. In einem Vertrag zwischen der Brigade und Lile wurde festgelegt, dass diese Bowies nur exklusiv an Offiziere der 39th Infantry Brigade verkauft und nicht in den freien Handel gebracht werden durften. Nur Offiziere ab dem Dienstgrad Major sowie Warrant Officer und Unteroffiziere ab dem Dienstgrad eines Sergeant Major

Für die Umsetzung des ersten Bowie-Brigade-Messers wurde der Messermacher Jimmy Lile aus Russellville verpflichtet.

Das Verbandsabzeichen der Brigade aus Arkansas trägt in der Mitte ein stilisiertes Bowiemesser.

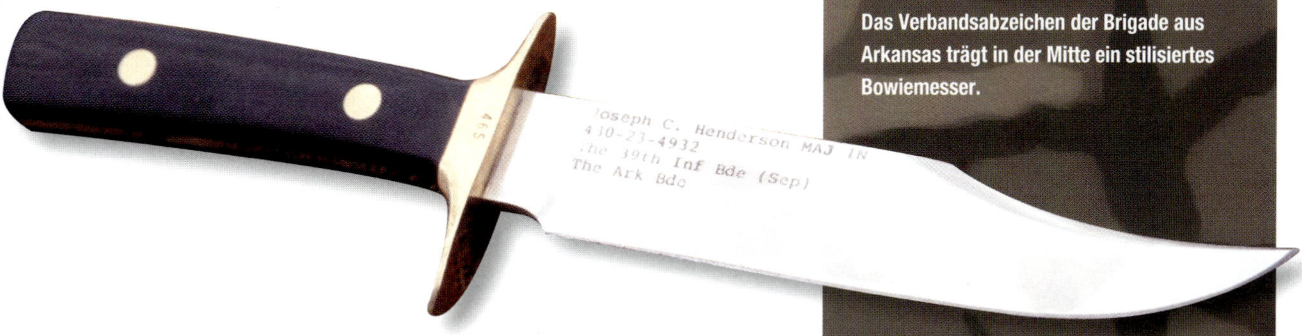

Als Symbol für den Bundesstaat Arkansas zeigt das Abzeichen der 39th Infantry Brigade der Arkansas Army National Guard einen Diamanten. In Arkansas befindet sich die einzige Diamantenmine Nordamerikas. Dazu kommt ein Bowiemesser, denn der Klingentyp, der durch Jim Bowie Berühmtheit erlangte, hat seine Ursprünge in Arkansas. Major Henderson führt eines der Bowiemesser, die von Jimmy Lile für die Brigade gefertigt wurden. Das Bild entstand im Dezember 2004 in der U.S. Basis in Taji.

DATEN

Hersteller:	Lile Knives / Kenny Teague Knives
Modell:	39th Infantry Brigade Bowie
Klingenlänge:	178,0 mm
Klingenstärke:	4,8 mm
Klingenstahl:	D2
Gesamtlänge:	308,0 mm
Gewicht (mit/ohne Scheide):	–/–
Griff:	verschiedene natürliche Griffmaterialien und Micarta in unterschiedlichen Farben
Scheide:	Leder und Kydex
Herstellungsland:	USA
Versorgungsnummer:	keine (privat beschafft)

dürfen zu ihrer Uniform ein Bowiemesser tragen. Jedes Messer ist graviert mit dem Namen des Trägers, seiner Sozialversicherungsnummer, seiner Verwendungslaufbahn, dem Dienstgrad, dem Namen des Messerschmieds und der Seriennummer des Messers.

Je nach Dienstgrad werden die Messer mit verschiedenen Griffmaterialien versehen. So bekommen Sergeant Major und Command Sergeant Major Griffschalen aus Kirschholz. Die Griffschalen für Warrant Officer bestehen aus Walnussholz. Bei einem Major oder Lieutenant Colonel sind die Griffschalen aus schwarzem Micarta gefertigt. Ein Colonel führt das Bowie mit einem Griff aus Hirschhorn. Der Griff des Messers für den Kommandeur der 39th Infantry Brigade ist aus Elfenbein gemacht. Nur Messer, die auf Befehl des Brigadekommandeurs verliehen wurden, dürfen von den Angehörigen der 39th Infantry Brigade getragen werden. Allerdings muss der Träger das Messer selbst bezahlen.

Nach dem Tod von Jimmy Lile 1991 führte seine Familie die Messerproduktion fort. 2003 wurde die Arbeit bei Liles früherer Firma jedoch eingestellt. Die zwischen Liles Tod und dem Stopp der Produktion gefertigten Bowiemesser verfügen über zwei dünne, rote Fiberlagen im Griff. Durch Jimmy Lile und seine Familie wurden über 600 Bowiemesser für die Brigade gefertigt. In jedem Bataillon der Brigade gibt es derzeit im Schnitt fünf berechtigte Bowiemesserträger. Bei fünf Bataillonen in der Brigade kommt man, wenn man die Trageberechtigten im Brigadestab hinzurechet, auf rund 60 Bowiemesser, die von aktiven Nationalgardisten geführt werden.

Das Produktionsende bei Lile zwang die Offiziere der Brigade dazu, sich nach einem neuen Messerschmied umzusehen. Er wurde in der Person von Kenny Teague aus Mountainburg gefunden. Teague lernte sein Handwerk beim bekannten Messermacher Bob Dozier. Liles Design wurde von Teague modifiziert. Sein Prototyp, der die Seriennummer 1000 trägt und wie Liles Bowiemesser aus D2-Stahl gefertigt wurde, hatte eine etwas kürzere Klinge. Außerdem modifizierte Teague den Griff und machte ihn ergonomischer.

Weil heutzutage Elfenbein kaum noch zu bekommen ist, stattete Teague alle Messer mit Griffen aus Leinen-Micarta und Pakkawood aus. An der Farbe des Micarta lässt sich der Dienstgrad des Trägers erkennen: Rotes Micarta wird für die Messer von Unteroffizieren verwendet, schwarzes Mi-

Der Klingenrücken ist mit dem Rang und dem Namen des Trägers versehen.

Kenny Teagues Ausführung des Bowiemessers mit roten Micarta-Griffschalen.

carta für Warrant Officer, Majors und Lt. Colonels. Colonels erhalten Bowies mit braunen Micarta-Griffschalen, während weißes Micarta Generälen vorbehalten ist. Teagues Bowiemesser werden mit einer Scheide aus schwarzem Leder für die Paradeuniform geliefert. Auf Wunsch bekommt der Käufer noch eine Kydex-Scheide mitgeliefert, die sich für das Tragen im täglichen Dienst und im Gefecht besser eignet. Bis heute hat Teague etwa 25 Messer für die Brigade gefertigt, die Nummerierung beginnt bei 1001.

Dass die Bowiemesser nicht nur Statussymbole sind, beweist folgende Geschichte: Im April 2004 geriet ein Konvoi der 39th Infantry Brigade in einen irakischen Hinterhalt. Das führende Fahrzeug, ein HMMWV (Hummer), wurde durch eine Sprengfalle zerstört und drei Soldaten der Besatzung schwer verletzt. Das vierte Besatzungsmitglied, der MG-Schütze, wurde durch die Splitter der Sprengladung getötet. Bei der Bergung der Toten und Verwundeten unter feindlichem Feuer stellte sich heraus, dass sich der Stoff der Uniformjacke des Toten in der MG-Drehringlafette verheddert hatte. Major Pelts, der zur Besatzung eines anderen Fahrzeugs des Konvois gehörte und an der Rettungs- und Bergungsaktion beteiligt war, zog sein Bowiemesser und trennte mit ihm den Uniformstoff der Jacke des Toten auf. Danach ließ sich der Tote ohne weitere Probleme bergen. Major Pelts soll, auf den Messereinsatz angesprochen, später gesagt haben: „Du brauchst ein gutes Messer, und du musst in der Lage sein, es schnell einzusetzen.“

Eine klassische Lederscheide gehört zum Lieferumfang des Teague-Modells.

Vorsichtig inspiziert Staff Sergeant Jessen mit seinem Marto-Phrobis C.U.K. eine zur IED (Improvised Explosive Device) umfunktionierte Blechdose. IEDs, improvisierte Sprengkörper, gehören zu den bevorzugten Waffen von Widerstandskämpfern und Terroristen und werden sowohl im Irak als auch in Afghanistan eingesetzt. Bei Staff Sergeant Jessen handelt es sich um einen Entschärfer eines EOD-Teams der 748th Ordnance Company des 184th Ordnance Battalion.

MARTO-PHROBIS C.U.K. COMBAT UTILITY KNIFE

Seltenes, aber funktionelles Militärmesser.

Das Design des Marto-Phrobis C.U.K. (Combat Utility Knife) beruht auf dem von Charles A. „Mickey" Finn von Phrobis (der Firma mit dem Delfin-Logo) entwickelten M9-Bajonett. Es wurde zu Beginn ausschließlich an die U.S. Navy SEALs ausgeliefert. Die Klinge ist mit einer Länge von 14 Zentimetern gut fünf Zentimeter kürzer als die des M9-Bajonetts. Die breite und kräftige Clip-Point-Klinge lässt sich für viele Aufgaben einsetzen. Der Anschliff beginnt erst in der unteren Klingenhälfte. Eine breite, einseitig ausgeführte (geschmiedete) Hohlkehle verringert das Gewicht des Messers etwas, ohne die Stabilität zu beeinträchtigen. Der Klingenrücken ist über zwei Drittel seiner Länge mit einer Sägezahnung – eigentlich mehr einer Raspel – versehen. Die Klinge mündet in einen Rund-Erl, der am Ende des Zytel-Griffs mit der Abschlusskappe aus Stahl verschraubt ist. Alle Metallteile des C.U.K. sind schwarz beschichtet. Der Handschutz weist zwei Bohrungen auf, mit denen man das C.U.K. auch als Speer einsetzen kann.

Der runde Griff aus glasfaserverstärktem Kunststoff ist mit fünf tiefen Einkerbungen versehen, die Griffoberfläche ist stark strukturiert. Obwohl der Griff rund ist, verhindern die tiefen Einkerbungen ein Rollen des Messers in der Hand. Allerdings ergibt sich ähnlich wie beim Fairbairn-Sykes-Kommandodolch das Problem, dass der Anwender bei nächtlichen Einsätzen nur schwer nachvollziehen kann, in welche Richtung die Schneide zeigt. In erster Linie ist das C.U.K. als Feldmesser konstruiert, an zweiter Stelle steht die Funktion als Stichwaffe.

Eine echte Verbesserung gegenüber dem Phrobis M9-Bajonett ist die leichte Zytel-Scheide. Die Clip-Scheidenaufhängung lässt sich um 360 Grad drehen, so dass das C.U.K. auch mit dem Griff nach unten getragen werden kann. Der Halt des Messers in der Scheide ist sehr gut.

Inzwischen ist das von der spanischen Firma Marto in Lizenz gefertigte C.U.K. stark gefragt. Gut erhaltene Modelle erzielen in amerikanischen Foren Preise um die 500 Dollar. Fast zu schade, um es noch einzusetzen.

Die feine Verzahnung eignet sich am besten für Metall und Kunststoff.

Das C.U.K. hat anstelle der Bajonettaufnahme des M9 einen gerändelten Knauf.

DATEN

Hersteller:	Marto-Phrobis
Modell:	C.U.K.
Klingenlänge:	139,0 mm
Klingenstärke:	5,5 mm
Klingenstahl:	Carbonstahl
Gesamtlänge:	260,0 mm
Gewicht (mit/ohne Scheide):	ca. 460/300 g
Griff:	Zytel
Scheide:	Zytel
Herstellungsland:	Spanien
Versorgungsnummer:	keine (privat beschafft)

Für die Fallschirmjäger der D Company, 1st Battalion „Red Falcons," 325th Airborne Infantry Regiment kam die erneute Verlegung in den Irak Anfang 2007 überraschend. Zwischen Juli und Dezember 2006 hatten sie von Tikrit im Nordirak aus zusammen mit U.S. Special Forces Jagd auf Terroristen gemacht. Kurz vor Weihnachten kehrten sie in die USA zurück. Doch bereits Ende Dezember erhielten die Fallschirmjäger neue Marschbefehle, und erneut lautete das Ziel Irak. 1st Lieutenant Defiori ist einer der Zugführer der D Company, hier im Februar 2007 während einer Patrouille. An der Seite führt er ein Mark V von Masters of Defense.

MOD CQD MARK V ADVANCED TACTICAL FIGHTER

Auf Nummer sicher.

Mit den beiden Klappmessermodellen CQD Mark I und II und den feststehenden Versionen CQD Mark V und VI ist der Messerdesigner und taktische Ausbilder Duane P. Dieter einem großen Publikum bekannt geworden. CQD steht für Close Quarters Defense (Verteidigung auf engstem Raum). Produziert wurden die Messer vom amerikanischen Hersteller Masters of Defense, der vor einigen Jahren vom taktischen Ausrüster Blackhawk aufgekauft wurde. Aktuell wird von Blackhawk nur noch das Mark I in abgespeckter Ausführung hergestellt.

Das Mark V ist eindeutig als Waffe konzipiert, doch so gefährlich es auch aussieht, bietet es dem Benutzer vielfältige Möglichkeit einem Angriff angemessen zu begegnen. Die 17 Zentimeter lange Klinge ist aus A2-Werkzeugstahl gefertigt, dessen Härtepotenzial mit 56 bis 57 Grad Rockwell C nicht komplett ausgeschöpft wurde. Die maximal 5,7 Millimeter starke Klinge wird dadurch noch bruchsicherer. Die Hauptschneide der modifizierten Spear-Point-Klinge weist eine leichte Recurve-Form auf, das erste Viertel trägt einen Wellenschliff. Zwei Drittel des Klingenrückens sind von der Spitze an mit einer zweiten Schneide versehen, die jedoch nicht ganz so fein ausgeschliffen ist wie die Hauptschneide. Zur Vermeidung von Lichtreflexen und Rost ist die Klinge mir einer Boron-Carbid-Beschichtung versehen. Die Keramik-ähnliche Beschichtung ist sehr hart und verringert die Reibung beim Schneiden.

Die Seitenflächen des Griffs sind zur Klinge hin mit dem „Dieter Side Hilt“ versehen, der dem Daumen zusätzlichen Halt gibt. Das extrem ausgeformte Parierelement sieht nicht nur außergewöhnlich aus, es erfüllt mehrere Aufgaben. Das „Striker Hilt“ dient als Schutz vor dem Abrutschen der Griffhand und schützt die messerführende Hand vor dem Kontakt mit gegnerischen Waffen. Gleichzeitig kann man damit Druck ausüben und es als Schlagkraftverstärker einsetzen. Um die Klingenspitze zu schonen, kann man mit dem Striker Hilt auch hebeln, bohren und schaben.

Die Formgebung des Griffs aus glasfaserverstärktem Nylon ist darauf ausgelegt, größtmögliche Sicherheit zu bieten. Zahlreiche Einkerbungen, Riffelungen und Oberflächenstrukturen, Fingermulden und der voluminöse Griffabschluss dienen diesem Zweck. Die Griffabschlusskappe aus gehärtetem Stahl kann man als Schlaghilfe verwenden.

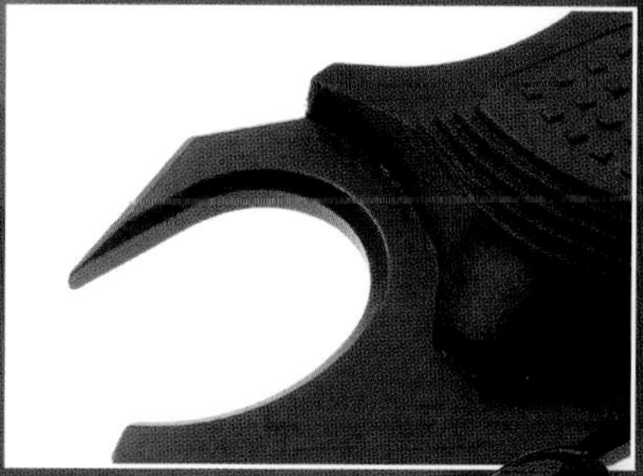

Der Striker-Hilt ist vielseitig einsetzbar.

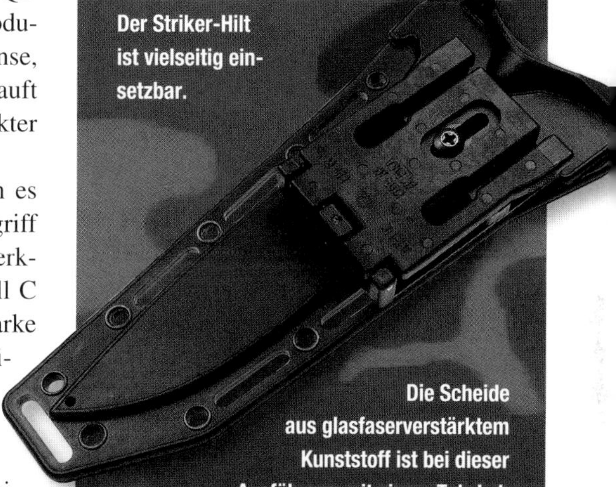

Die Scheide aus glasfaserverstärktem Kunststoff ist bei dieser Ausführung mit einem Tek-Lok versehen.

DATEN

Hersteller:	Masters of Defense
Modell:	Mark V ATAC
Klingenlänge:	173 mm
Klingenstärke:	5,7 mm
Klingenstahl:	A2
Gesamtlänge:	323 mm
Gewicht (mit/ohne Scheide):	560/440 g
Griff:	GFK/Santoprene
Scheide:	Prylon-Kunststoff
Herstellungsland:	USA
Versorgungsnummer:	keine (privat beschafft)

Der Einsatz der Kosovo Force der NATO begann im Juni 1999. KFOR umfasste rund 55.000 Soldaten aus über 25 Nationen. Dazu gehörten Truppen nahezu aller NATO-Staaten sowie vieler Nationen des Partnership for Peace (PfP) Programms und verschiedener anderer Länder. Auch die Tschechische Republik beteiligte sich mit einem Einsatzkontingent. Ende 1999 wurde dieser tschechische Soldat im Kosovo fotografiert. Zu seiner Ausrüstung gehört ein Uton-Kampfmesser.

MIKOV UTON

Tschechisches Kampfmesser mit durchdachten Details.

Im Gegensatz zu anderen Ostblockstaaten leistete sich die ehemalige CSSR stets eine gewisse Unabhängigkeit bei ihrer Waffenausrüstung. Während die meisten Staaten einfach die Waffen des großen Bruders UDSSR eins zu eins kopierten, entwickelte die Waffenindustrie der Tschechoslowakei stets ihre eigene Version. Sehr gut ist das bei den Sturmgewehren, aber auch bei den Bajonetten zu sehen. Der im Bild links gezeigte KFOR-Soldat der tschechischen Streitkräfte trägt an seiner Ausrüstung ein Kampfmesser der Firma Mikov mit der Bezeichnung Uton. Mikov fertigt bis heute neben Messern auch Bürobedarfsartikel.

Das 350 Gramm schwere Messer mit der 14 Zentimeter langen Klinge überzeugt durch eine gute Balance und Handlage. Als Klingenmaterial wurde 420er Stahl verwendet, den man bei hochwertigeren Messern oft genug als Grundmaterial für Platinen nutzt. 420er entspricht im wesentlichen dem auch in der Solinger Messerindustrie häufig verwendeten 1.4034-Stahl und enthält zwischen 0,4 und 0,5 Prozent Kohlenstoff. Als mengenmäßig größte und wichtigste Zusatzlegierung kommt zwischen 12 und 14 Prozent Chrom hinzu. Dadurch erhöht sich die Rostbeständigkeit erheblich. Das Modell Uton wird in zwei Oberflächenvarianten produziert, satiniert und schwarz beschichtet. Die nicht näher spezifizierte schwarze Beschichtung schützt den Stahl zusätzlich vor Korrosion und hilft gleichzeitig im militärischen Einsatz, Reflexionen zu vermeiden.

Zu den herausragenden Eigenschaften des Modells Uton zählt zweifelsohne die Möglichkeit, in das Griffende eine Feile oder eine Holzsäge einsetzen zu können. Dafür besitzt der Kunstgummigriff eine spezielle Aussparung, in der das zum Lieferumfang gehörende Zubehör eingesetzt werden kann. Gesichert wird das ganze dann durch einen Querbolzen, der dem Messer – an einer Schnur befestigt – beiliegt.

Das Zubehör findet in einer Vortasche Platz, wenn es nicht benötigt wird. Das gilt sowohl in der Ausführung mit Lederscheide, als auch mit der Cordura-Scheide. Da Tschechien sich im Rahmen seiner NATO-Mitgliedschaft auch immer stärker an Auslandseinsätzen beteiligt, hat die Firma Mikov zusätzlich eine Wüstentarn-Version eingeführt.

Wirksamer Durchstechschutz aus Metall.

Zum Lieferumfang gehören eine Säge und eine Feile.

DATEN

Hersteller:	Mikov
Modell:	Uton
Klingenlänge:	140,0 mm
Klingenstärke:	ca. 3,0 mm
Klingenstahl:	AISI 420
Gesamtlänge:	250,0 mm
Gewicht (mit/ohne Scheide):	350/– g
Griff:	Kunststoff
Scheide:	Leder oder Cordura
Herstellungsland:	Tschechische Republik
Versorgungsnummer:	k.A.

Während des Einsatzes im Irak änderte sich das Erscheinungsbild der Soldaten der U.S. Army komplett. Im Februar 2005 führte man die neue Army Combat Uniform (ACU) ein. Für Hubschrauberbesatzungen gibt es eine spezielle Version aus Nomex, die Army Aircrew Combat Uniform (A2CU). Mit dem Fire Resistant Environmental Esemble (FREE) erhielten die Hubschrauberbesatzungen zudem ein mehrlagiges Bekleidungssystem aus hitze- und feuerbeständigen Fasern. Dieser Lademeister einer UH-60L Black Hawk wurde 2008 in Bagdad fotografiert. Er trägt Jacke, Hose und Kälteschutzunterziehjacke des FREE-Systems. Außerdem gehört ein Ontario A.S.E.K. zu seiner Ausstattung.

ONTARIO A.S.E.K. SURVIVAL KNIFE SYSTEM

Mit System im Einsatz.

Vor einigen Jahren suchten die U.S.-Streitkräfte nach einem neuen Luftfahrzeugbesatzungs-Überlebens- und Ausstiegsmesser (auf Englisch: Aircrew Survival Egress Knife). Unter den vielen Firmen, die sich an der Ausschreibung beteiligten, machte die Ontario Knife Company mit dem A.S.E.K. Survival Knife System das Rennen. System deshalb, weil zum Messer eine Scheide gehört, die nicht nur auf verschiedene Weise (Pilotenweste, Load Bearing Equipment, Gürtel, mit Beingurten an der Wade...) getragen werden kann. Sie besteht aus schwer entflammbarem Kunststoffmaterial und hält das Messer mit zwei Riemen sicher fest. Darüber hinaus gehört zum System ein Leinen- und Gurtschneider mit Schraubendreherfunktion, der perfekt in die linke Beintasche der Fliegeranzüge passt. Vor allem bei Rettungseinsätzen ist er sehr nützlich, wenn es darum geht, einen Verletzten schnell und sicher von der Kleidung oder Gurten zu befreien. Zur Verbesserung der Griffsicherheit ist der Gurtschneider mit drei tiefen Fingermulden versehen. An der oberen Griffkante ist er mit einem Schleifeinsatz ausgestattet, mit dem sich das Messer auch im Feldeinsatz scharf halten lässt.

Beim Messer selbst fällt sofort das Längenverhältnis von Griff und Klinge auf: Mit einer Länge von 13,3 Zentimetern ist der Kunststoff-Griff, der direkt auf die Angel gespritzt wurde, gut sechs Millimeter länger als die Klinge. Die Angel reicht in voller Länge durch den Griff. Der Griffabschluss ist mit einem Stahl-Hammereinsatz (mit Glas-/Plexiglasbrecherdorn) versehen. Mit drei Ösen (zwei am Handschutz, eine am Griffende) kann das A.S.E.K. an einem Stock befestigt werden.

Die 4,7 Millimeter starke, flach geschliffene Klinge besteht aus 1095-Kohlenstoffstahl, der zum Schutz vor Korrosion und Reflexionen Zinkphosphat-beschichtet wurde. Die Klinge wird nur auf 50 bis 54 Grad Rockwell gehärtet, was der Schnitthaltigkeit zwar nicht zuträglich ist, die feinkörnige Klinge jedoch praktisch unzerbrechlich macht. Am Rücken ist die Klinge mit einer richtigen Säge ausgestattet, die Schneide ist mit einem partiellen Wellenschliff versehen. Kein Schneidteufel, aber ein absolut verlässliches Messer mit guten Systemkomponenten.

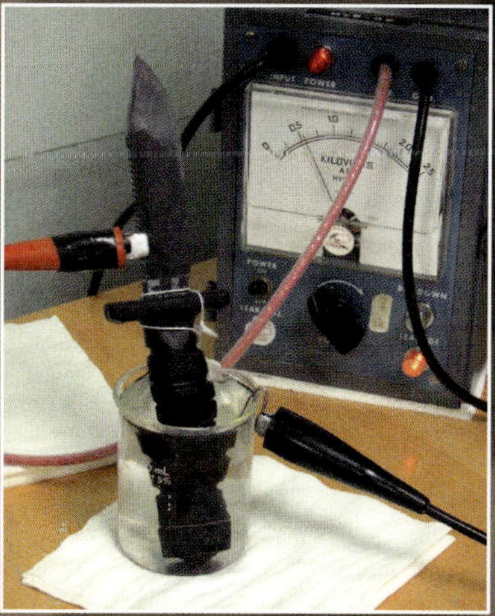

Das A.S.E.K. musste eine Vielzahl von Tests über sich ergehen lassen, bis die U.S.-Streitkräfte letztendlich ihr Okay gaben.

Der Gurtschneider ist Bestandteil des A.S.E.K.-Systems.

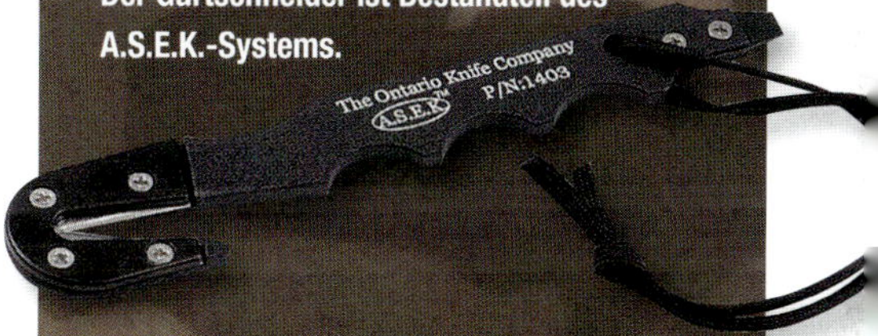

DATEN

Hersteller:	Ontario Knife Company
Modell:	A.S.E.K.
Klingenlänge:	127,0 mm
Klingenstärke:	4,7 mm
Klingenstahl:	1095
Gesamtlänge:	260,0 mm
Gewicht (mit/ohne Scheide):	–/280 g
Griff:	Kunststoff/Stahl
Scheide:	Kunststoff/Cordura
Herstellungsland:	USA
Versorgungsnummer:	NSN 1095-01-518-6832

Zu den Eliteverbänden der U.S. Army gehört die 101st Airborne Division (Air Assault) „Screaming Eagles". Ende 2003 kam die auf Luftsturmoperationen spezialisierte Division im Nordirak zum Einsatz, wo sie sich erbitterte Kämpfe mit Widerstandsgruppen lieferte, die Saddam Hussein treu ergeben waren. Dieser MG-Schütze gehört zum 1st Battalion, 187th Infantry Regiment „Rakkasans" des 3rd Brigade Combat Team der Divison, das in Tall Afar eingesetzt war. An seiner Interceptor Body Armor Schutzweste trägt er ein Ontario Kampfmesser 498.

ONTARIO 498 MARINE COMBAT KNIFE

Die Ontario-Version des berühmtesten U.S.-Kampfmessers.

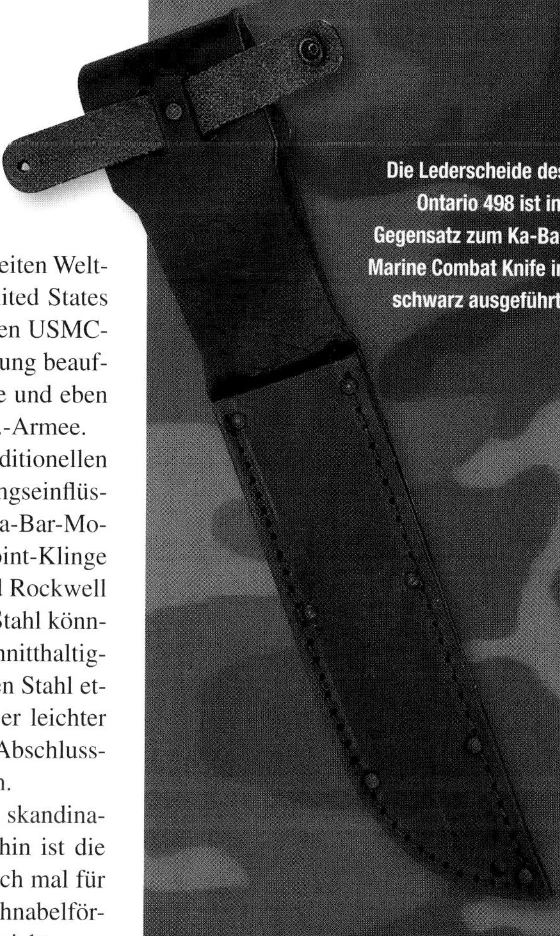

Die Lederscheide des Ontario 498 ist im Gegensatz zum Ka-Bar Marine Combat Knife in schwarz ausgeführt.

Ontario hat das Design des von Ka-Bar erstmals während des Zweiten Weltkriegs hergestellten USMC-Kampfmessers (USMC steht für United States Marine Corps) übernommen. Schon damals war der Bedarf an den USMC-Messern so groß, dass auch andere Hersteller von der US-Regierung beauftragt wurden, dieses Modell zu fertigen, darunter Camillus, Case und eben auch Ontario. Aktuell ist Ontario der offizielle Ausrüster der U.S.-Armee.

Die Ontario-Version des Messerklassikers ist mit einem traditionellen Griff aus Lederscheiben ausgestattet, der zum Schutz vor Witterungseinflüssen speziell behandelt wurde – daher auch die gegenüber dem Ka-Bar-Modell dunklere Grifffarbe. Für die 17,8 Zentimeter lange Clip-Point-Klinge kommt 1095-Kohlenstoffstahl zum Einsatz, der auf rund 57 Grad Rockwell C gehärtet wird. Der nicht-rostfreie, dafür aber sehr feinkörnige Stahl könnte durchaus höher gehärtet werden (bis zu 61 HRC), was die Schnitthaltigkeit nochmals erhöhen würde. Dies unterlässt man jedoch, um den Stahl etwas elastischer und pflegeleichter zu machen. Mit 57 HRC ist er leichter nachzuschärfen. Zum Schutz vor Rost werden die Klinge und der Abschlussknauf mit einer schwarzen Zink-Phosphat-Beschichtung versehen.

Der flache Anschliff der Klinge beginnt, ganz ähnlich wie bei skandinavischen Messern, erst in der unteren Hälfte der Klinge. Bis dahin ist die Klinge gut vier Millimeter stark. Damit kann man das Messer auch mal für Hebelarbeiten einsetzen, ohne dass es Schaden nimmt. Nur die schnabelförmige Spitze ist aufgrund der falschen Rückenschneide fein und nicht ganz so stabil. Im Gegenzug dringt die Spitze so leichter ein.

Die Angel läuft durch den gesamten Griff, wo sie am Ende mit dem Knauf vernietet ist. Diese Abschlusskappe aus gehärtetem Stahl eignet sich gut zum Einschlagen von Zeltheringen oder als Nothammer. Die relativ einfache Lederscheide ist siebenfach vernietet und vernäht. Ein Griffriemen sichert das Messer.

Wenn ein Messer mehr als sechs Jahrzehnte unverändert seinen Dienst tut, kann man davon ausgehen, dass es sich bewährt hat. Der günstige Preis (zirka 40 Dollar auf dem zivilen Markt) tut ein Übriges, das Messer attraktiv zu machen.

DATEN

Hersteller:	Ontario Knife Company
Modell:	498 Marine Combat Knife
Klingenlänge:	178,0 mm
Klingenstärke:	4,2 mm
Klingenstahl:	1095
Gesamtlänge:	302,0 mm
Gewicht (mit/ohne Scheide):	420/300 g
Griff:	Leder
Scheide:	Leder
Herstellungsland:	USA
Versorgungsnummer:	NSN 1095-00-392-4102

Im Februar 2007 patrouillieren die Soldaten der D Company, 1st Battalion „Red Falcons“, 325th Airborne Infantry Regiment, in den Straßen von Kadamiyah im Norden von Bagdad. Bei Sergeant Willner handelt es sich um einen der Fallschirmjäger. Zu seiner Ausrüstung gehört neben einem M4A1-Karabiner auch ein Ontario 499.

ONTARIO 499 SURVIVAL KNIFE

Gutes und einfaches Survival-Messer mit bewegter Vergangenheit.

Das U.S. Air Force Survival Knife Mod. 499 versieht schon einige Jahrzehnte seinen Dienst bei den Streitkräften. Das Messer ist bei Angehörigen der Army und Air Force immer noch sehr beliebt. Das liegt vermutlich daran, dass das 499 relativ günstig ist (zirka 40 Dollar) und eine vertrauenserweckende Stabilität ausstrahlt. Während des Vietnam-Kriegs gehörte das Survival Knife zu den meist getragenen Einsatzmessern.

Die Gesamtlänge liegt bei knapp über 24 Zentimetern, von denen 12,7 Zentimeter auf die Clip-Point-Klinge entfallen. Für die Klinge und die durch den Griff reichende Angel kommt amerikanischer 1095er-Stahl zum Einsatz, der mit einer Zink-Phosphat-Beschichtung versehen wird. Die Klingenstärke beträgt zirka fünf Millimeter. Während der Entenschnabel-förmige Bereich des Klingenrückens scharf geschliffen ist, wird am Rest des Klingenrückens eine grobe Verzahnung angebracht, die sich vor allem zum Zertrennen von Flugzeug-Aluminium eignet.

Der beidseitige Handschutz ist mit zwei Löchern versehen, um das Messer an einem Stock befestigen zu können. Für den Griff kommen Lederscheiben zum Einsatz. Den Griffabschluss bildet ein schwerer, verschraubter Stahlknauf, der einen guten Behelfshammer abgibt. Die Scheide ist nicht optimal konstruiert: Das Messer wird allein durch den um den Griff laufenden Riemen mit Druckknopf gesichert. Wenn man es mit dem Griff nach unten an der Kleidung oder Ausrüstung befestigt, rutscht es meist ein Stück heraus, wie auch im Foto links zu sehen. An der Vorderseite der Scheide befindet sich eine Gürteltasche, die serienmäßig mit einem kleinen Schärfstein bestückt ist.

Inzwischen tragen viele Angehörige des USASFC (United States Army Special Forces Command – Airborne) das ebenfalls von Ontario hergestellte, modernere Aircrew-Survival-Egress-Knife (A.S.E.K.). Das neue Modell ist nach heutigen Gesichtspunkten sicher das bessere Messer, auch wenn das Modell 499 nach wie vor seine Fans hat.

Der Autor konnte sich selbst davon überzeugen, dass das M499 auch bei den Piloten des U.S. Marine Corps geführt wird.

Die rustikale Scheide des Ontario 499 Survival Knife.

DATEN

Hersteller:	Ontario Knife Company
Modell:	Mod. 499 Survival Knife
Klingenlänge:	127,0 mm
Klingenstärke:	4,8 mm
Klingenstahl:	1095
Gesamtlänge:	241,0 mm
Gewicht (mit/ohne Scheide):	–/–
Griff:	Leder/Stahl
Scheide:	Leder/Metall
Alternativen:	modernes A.S.E.K.
Herstellungsland:	USA
Versorgungsnummer:	NSN 7340-00-098-4327

Ein Angehöriger der U.S. Army hält Ausschau nach feindlichen Bewegungen in seinem Sektor. Links unten im Bild gut zu erkennen: das Ontario Mark 3 Kampfmesser, das er mit Schnur an seiner Einsatzmittelweste befestigt hat.

ONTARIO MARK 3 NAVY

Auch Seeluft kann diesem Klassiker kaum etwas anhaben.

Das Ontario Mark 3 Navy ist das offizielle Messer der U.S. Navy und wird auch von deren Spezialeinheiten benutzt. Da das Messer im militärischen Einsatz ständig Feuchtigkeit und salzhaltiger Meeresluft ausgesetzt ist, werden Klinge und Erl des Mark 3 Navy aus 440A-Stahl gefertigt und nicht wie sonst aus 1095-Kohlenstoffstahl. 1095 ist zwar etwas zäher und feinkörniger, kann in Sachen Rostbeständigkeit jedoch bei weitem nicht mit dem anspruchslosen 440A-Stahl mithalten. 440A enthält 0,6 bis 0,75 Prozent Kohlenstoff und als wichtigste Zusatzlegierung 17 Prozent Chrom. Dieser Chromanteil ist dafür verantwortlich, dass der Stahl sehr rostunempfindlich ist. Zusätzlich bildet das Chrom harte Chromkarbide im Stahlgefüge, die zu einer erhöhten Verschleiß- und Abriebfestigkeit führen. Gehärtet wird die Klinge auf etwa 56 Grad Rockwell. Um die Klinge des Mark 3 Navy noch besser vor Rost zu schützen, ist sie schwarz beschichtet.

Erst ab der Anschliffkante im unteren Drittel verjüngt sich die flach geschliffene Klinge zur Schneide hin. Die maximale Klingenstärke von 4,2 Millimetern bleibt also über den größten Teil der Klinge bestehen, was sie sehr stabil macht. Die robuste Bauweise geht zwar etwas zu Lasten der Schneidfähigkeit, doch für die meisten Schneidaufgaben (Seile, Taue, Kunststoffe, Verpflegungsrationen) und auch zur Selbstverteidigung im Notfall ist diese Klingengeometrie durchaus geeignet. Um die Eindringfähigkeit der schnabelförmigen Spitze zu erhöhen, ist der Klingenrücken angeschliffen. Fürs Schneiden faseriger Materialien und sogar Holz eignet sich der sägenähnliche Schliff des Klingenrückens, der bis zum Griff reicht.

Die Angel reicht bis zum Griffende, wo sie mit dem Griff verschraubt ist. Als Griffmaterial kommt schlagfester Kunststoff zum Einsatz, der für eine verbesserte Griffsicherheit kreuzförmig strukturiert ist. Ein beidseitiger Handschutz sorgt dafür, dass man nicht auf die Klinge abrutscht, während der breite Abschlussknauf ein Entgleiten des Messers, zum Beispiel beim Hacken, verhindert. Am Griffende kann ein Fangriemen durch die Öse gezogen werden.

Die einfache Scheide besteht aus ebenfalls schlagfestem Kunststoff und einer Nylonaufhängung. Mit der Messingaufhängung kann das Mark 3 Navy in der Scheide am U.S.-Lochkoppel befestigt werden. Ein einfaches, aber durchaus brauchbares und stabiles Messer, das sich besonders in feuchten Gegenden gut bewährt hat.

Die feine Sägezahnung des Mark 3 ist auf diesem Bild gut zu erkennen.

Der massive Knauf kann zum Hämmern genutzt werden.

DATEN

Hersteller:	Ontario Knife Company
Modell:	Mark 3 Navy
Klingenlänge:	153,0 mm
Klingenstärke:	4,0 mm
Klingenstahl:	440A
Gesamtlänge:	277,0 mm
Gewicht (mit/ohne Scheide):	420/280 g
Griff:	Kunststoff
Scheide:	Kunststoff
Herstellungsland:	USA
Versorgungsnummer:	NSN 1095-00-391-1056

Bei diesem Lance Corporal handelt es sich um ein Mitglied der Geschützbesatzung einer Feldhaubitze M777A2 155 mm der I Battery des 3rd Battalion, 11th Marine Regiment. Die Einheit befand sich über die Jahreswende 2007/2008 im Irak. Eine Geschützbesatzung besteht aus acht Marines. An seiner ballistischen Schutzweste trägt dieser Artillerist ein Ontario SP6.

ONTARIO SPEC PLUS SP6 FIGHTER

Solides Werkzeug aus großer Familie.

Das SP6 aus der Spec-Plus-Serie von Ontario ist im Grunde so simpel wie zuverlässig aufgebaut. Das Messer hat eine Gesamtlänge von 33,3 Zentimetern, von denen acht Zoll (20,3 cm) auf die Klinge entfallen. Konstruiert ist das Messer als Full Tang, bei dem der Erl in voller Stärke bis zum Griffende reicht. Sorgen, dass das Messer bei starker Belastung am Übergang zwischen Klinge und Erl bricht oder sich der Erl im Griff löst, muss man sich also nicht machen.

Auch sonst ist das Messer mit einer maximalen Klingenstärke von 4,7 Millimetern sehr stabil. Der verwendete 1095er-Stahl ist bei vielen Militärmessern Standard, vor allem mit Pulverbeschichtung, mit der auch das SP6-Fighter-Modell ausgerüstet ist. Dieser Stahl enthält gut ein Prozent Kohlenstoff, dazu geringe Mengen an Schwefel (0,5 %), Phosphor (0,4 %) und Mangan (0,6-0,9 %). Er kann auf über 58 Grad Rockwell gehärtet werden, nimmt eine feine Schärfe an und ist zugleich schnitthaltig und zäh.

Der Griff aus Kraton ist direkt auf den Erl gespritzt. Die Gummierung der Oberfläche verbessert die Griffsicherheit und fasst sich auch bei Kälte und Nässe gut an. Der ovale Griff ist mit fünf rutschhemmenden Rillen versehen, zum vorderem Griffende schützt ein beidseitiges Parierelement die Hand vor dem Abrutschen in die Klinge. Der geschwungene Griffabschluss am Ende verhindert, dass das Messer aus der Hand rutscht. Durch die falsche Schneide am Klingenrücken, die fast bis zum Klingenanfang reicht, ist die Spitze sehr scharf. Dennoch ist die typische Fighter-Form der Klinge nicht – wie der Name vermuten lässt – nur zum Nahkampf geeignet. Auch für feldmäßige Arbeiten kann das Messer gut eingesetzt werden. Die Klinge ist beidseitig flach geschliffen, wobei die Anschliffkante weit herabgesetzt ist.

Die Scheide besteht aus Cordura und Leder. Zwei Riemen, die per Druckknopf verschließbar sind, sichern das Messer in der Scheide. Für zirka 60 Dollar bekommt man mit dem SP6 ein Messer, auf das man sich verlassen kann. Insgesamt umfasst die Spec-Plus-Serie von Ontario mehr als 20 Modelle, darunter auch schwere Rettungsmesser und Beile. Mit mehr als 100 Jahren Geschichte gehört die Ontario Knife Company zu den erfahrensten Messerherstellern in den USA. Die Firma produziert auch rustikale Erntemesser und medizinische Instrumente.

An der Weste getragen stört das Messer im Einsatz am wenigsten.

Die Scheide des SP6 ist aus Leder und Cordura gefertigt.

DATEN

Hersteller:	Ontario Knife Company
Modell:	SP6 Fighter
Klingenlänge:	203,0 mm
Klingenstärke:	4,7 mm
Klingenstahl:	1095
Gesamtlänge:	333,0 mm
Gewicht (mit/ohne Scheide):	–/– g
Griff:	Kraton
Scheide:	Cordura/Leder
Herstellungsland:	USA
Versorgungsnummer:	keine (privat beschafft)

Im Dezember 2007 war der 3rd Platoon, I Company, 3rd Battalion, 23rd Marine Regiment für die Sicherheit in der Stadt Bahni Dahir am Euphrat zuständig. Beim 3rd Battalion, 23rd Marine Regiment handelt es sich um eine Einheit der Marine Reserve. Sie setzt sich hauptsächlich aus Reservisten zusammen, die im zivilen Leben in den verschiedensten Berufen tätig sind. Corporal Sexson befand sich mitten im Studium, als er zum aktiven Dienst einberufen wurde. An der rechten Seite trägt er ein Ontario Spec Plus SP13 Kampfmesser, das er mit einer Scheide der Firma Spec-Ops versehen hat.

ONTARIO SPEC PLUS SP13 TANTO

Wuchtiger Kämpfertyp mit moderner Tanto-Klinge.

Die seit 1889 existierende Ontario Knife Company stieg während des Zweiten Weltkriegs in die Produktion von Militärmessern für die U.S. Army ein und ist bis heute einer der wichtigsten Ausstatter. Aktuell werden alle vier Teilstreitkräfte (Heer, Luftwaffe, Marine und Marineinfanterie) mit Messern und Bajonetten von Ontario versorgt.

Auch die Modelle der modernen Spec-Plus-Serie sieht man relativ häufig. Das SP-13 Tanto 8 ist mit der acht Zoll langen Klinge (20,3 Zentimeter) ausgestattet. Neben den beiden Bowies und den Macheten aus der gleichen Serie (jeweils mit 10-Zoll-Klinge), gehört das SP-13 Tanto zu den größten und wuchtigsten Spec-Plus-Modellen. Es entspricht, abgesehen von der Klinge, dem SP6 Fighter.

Alle Modelle der Spec-Plus-Serie gleichen sich in folgenden Punkten: Die breiten und starken Klingen bestehen aus nicht-rostfreiem, feinkörnigem 1095-Kohlenstoffstahl, der mit einer „aufgebackenen" Pulver-Epoxyd-Beschichtung versehen ist. Die Klingenangel verläuft innerhalb des Griffs und reicht bis zum Griffende. Als Griffmaterial kommt Kraton- oder hochfester Grivory-Kunststoff zum Einsatz. Die Scheiden bestehen aus Cordura und Leder.

Das SP13-Tanto ist mit einer knapp 4,8 Millimeter starken Klinge ausgestattet, die stark an die Formgebung japanischer Kampfmesser angelehnt ist. Die nur minimal gekrümmte Schneide geht allerdings nicht in einer Rundung in die auf Rückenniveau liegende Spitze über (wie bei japanischen Tanto), sondern in einem eckigen Winkel (zirka 130 Grad). Der beidseitige flache Anschliff beginnt etwa auf Höhe der Klingenmitte, was für eine sehr hohe Stabilität sorgt, da die Klinge bis zu dieser Stelle die volle Stärke behält. Auch die Spitze (ohne falsche Schneide) ist so stabil, dass sie auch Querbelastungen gut aushält.

Ein breiter, beidseitiger Handschutz verhindert das Abgleiten in Richtung Schneide. Der stark nach unten gezogene Griffabschluss sichert das Messer beim Hacken. Fünf tiefe Querrillen und das ovale Griffprofil lassen das Tanto sicher in der Hand liegen. Zusätzlich hat der Soldat im Foto links sein Messer mit einem Griffband ausgestattet. Die nachträglich gekaufte, sandfarbene Cordura-Scheide von Spec-Ops ist mit acht Ösen und an der Spitze mit einer Schlaufe versehen, so dass man das Messer auch an der Weste befestigen kann.

Die Scheiden der Firma Spec-Ops sind für verschiedene Klingenlängen erhältlich.

DATEN

Hersteller:	Ontario Knife Company
Modell:	SP13 Tanto
Klingenlänge:	203,0 mm
Klingenstärke:	4,7 mm
Klingenstahl:	1095
Gesamtlänge:	333,0 mm
Gewicht (mit/ohne Scheide):	ca. 400/260 g
Griff:	Kraton
Scheide:	Cordura/Kydex
Herstellungsland:	USA
Versorgungsnummer:	keine (privat beschafft)

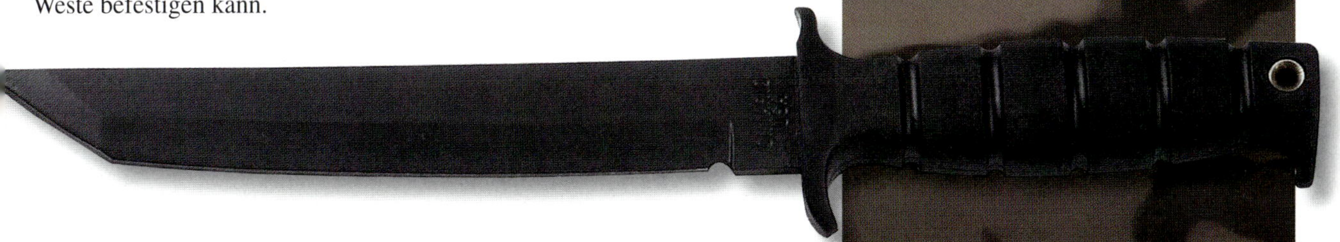

Lance Corporal Johnsen ist ein MG-Schütze des 3rd Battalion, 23rd Marine Regiment. Im Dezember 2007 operieren er und seine Kameraden im Raum Haditha im Westirak. Bewaffnet ist er mit einem Maschinengewehr M249 SAW im Kaliber 5,56 mm. Neben Taschen für sein leichtes MG trägt er an seiner Modular Tactical Vest (MTV) auch einen MINI-Flair-Signalgeber und ein Ontario Spec Plus SP25.

ONTARIO SPEC PLUS SP25 USN-2

Das stabile und bewährte Militärmesser lässt Flugzeugaluminium keine Chance.

Einen Klassiker trägt der U.S. Marine im Foto links: Das SP2 USN-2 existiert in ganz ähnlicher Form schon seit den 50ern Jahren. Früher bestand der Griff des Militärmessers jedoch aus Lederscheiben, und auch die Scheide war aus Leder gefertigt. Inzwischen besteht die Scheide aus Cordura (mit Kunststoff-Einlage), auf der Vorderseite ist eine kleine Tasche angebracht, die einen Schärfstein enthält. Die im Foto getragene Scheide ist keine Originalscheide, sondern ein preiswerter Ersatz von einem anderen Messer.

Zum Instandhalten der Klinge reicht der serienmäßige Schärfstein völlig aus. Der 1095er-Carbonstahl lässt sich leicht nachschärfen. Die Klingenrückenstärke, die über große Teile der Klinge erhalten bleibt, liegt bei 0,188 Zoll (zirka 4,7 Millimeter). Die breite, Pulver-Epoxyd-beschichtete Klinge ist im oberen Drittel mit einer Hohlkehle versehen, die – ohne die Stabilität des Messers zu verringern – hilft, das Gewicht des Messers im Rahmen zu halten. Rund drei Viertel des Klingenrückens sind mit einer feinen Sägezahnung versehen, deren Einsatzzweck nicht beim Sägen von Holz liegt. Stattdessen kann mit dieser Verzahnung Flugzeugaluminium zertrennt werden, um Insassen aus einem abgestürzten Flugzeug herausschneiden zu können oder um Wrackteile zur Signalübermittlung zu benutzen.

Innerhalb des Kraton-Griffs geht die breite Klinge in eine runde Angel über, die durch den Griff reicht und am Ende mit einer Abschlusskappe aus Stahl verschraubt ist – ein bewährtes Design vieler Militärmesser. Die stabile Kappe kann zum Hämmern verwendet werden. Gleichzeitig ist sie auch mit einem Fangriemenloch versehen. Es hat jedoch für 550er Paracord einen zu geringen Durchmesser, weshalb das SP25 häufig mit Fangriemen aus Leder ausgestattet ist.

Die Handlage des Messers ist sehr gut. Aufgrund der nur 12,7 Zentimeter kurzen Klinge und des relativ niedrigen Gewichts ist das Messer sehr führig. In den USA ist es für rund 50 Dollar erhältlich. Inzwischen hat das SP25 USN-2 im A.S.E.K.-Pilotenmesser einen würdigen und verbesserten Nachfolger gefunden.

Die SP26-Scheide ist stilistisch an die Lederscheide des Modells 499 angelehnt.

DATEN

Hersteller:	Ontario Knife Company
Modell:	SP25 USN-2
Klingenlänge:	127,0 mm
Klingenstärke:	4,8 mm
Klingenstahl:	1095
Gesamtlänge:	241,0 mm
Gewicht (mit/ohne Scheide):	ca. 400/260 g
Griff:	Kraton
Scheide:	Cordura/Leder
Alternativen:	A.S.E.K.-Pilotenmesser
Herstellungsland:	USA
Versorgungsnummer:	keine (privat beschafft)

Der UH-60L Black Hawk ist ein Mehrzweckhubschrauber, dessen Besatzung aus vier Soldaten besteht: dem Piloten, dem Copiloten und zwei Lademeistern. Hier ist ein Lademeister der 1st Cavalry Division im Dezember 2004 auf dem Flughafen von Taji im Irak zu sehen. Er trägt ein Ontario Spec Plus SP26.

ONTARIO SPEC PLUS SP26 USN-3

Pilotenüberlebensmesser in der Basisausstattung.

Ontarios „Spec Plus“-Linie umfasst mehr als 20 Modelle, allesamt Outdoor- und Militärmesser, die bewährte Designelemente mit modernen Griffmaterialien und Scheidensystemen kombinieren. Die Bowie-Klingenform der Modelle ist typisch für Ontario. Die stabilen und breiten Klingen sind mit einer dicken Pulver-Epoxid-Beschichtung versehen, für die Griffe kommt Kraton-Material zum Einsatz, und die Cordura-Scheiden sind mit langen Gürtelschlaufen und Bein-Befestigungsriemen versehen.

Das USN-3 entspricht weitgehend dem Air Force Survival Knife 499. Die Klinge besteht aus dem nicht-rostfreien 1095-Stahl und misst 12,7 Zentimeter. Sie wird anstelle der alten Phosphatbeschichtung mit einer wesentlich beständigeren schwarzen Pulver-Epoxid-Beschichtung versehen. Ein Teil des Klingenrückens ist mit einer Zahnung ausgestattet, daran schließt sich ein Leinencutter an. Die Angel reicht bis zum Ende durch den mit Kraton überzogenen Kunststoffgriff. Der doppelseitige Handschutz ist integraler Bestandteil des Griffs. Den Abschluss bildet der bewährte sechskantige Stahlknauf, der dem Piloten die Möglichkeit geben soll, das Plexiglas des Cockpits zu durchschlagen.

Üblicherweise wird das Messer mit einer modernen, stahlverstärkten Cordura-Scheide mit zusätzlichem Schleifstein ausgeliefert. Der Soldat links im Foto führt das SP26 jedoch in der Lederscheide, die Bestandteil der dienstlich gelieferten U.S.-Piloten-Survival-Weste ist. Das ist kein Problem, da die Lederscheide von der Größe her für verschiedene Messertypen gedacht ist. In der Regel wird das Messer zusätzlich mit einer roten Schnur vor Verlust gesichert. Sollte dem Piloten das Messer in der Hektik des Überlebenskampfes einmal entgleiten, kann er es mit der Schnurr wieder an sich heranziehen. Manchmal sind die einfachsten Dinge einfach die praktischsten, ganz ohne High-Tech.

Das SP-26 ist – wie so viele Messer, die tatsächlich im Feldeinsatz getragen werden – kein spektakuläres Modell. Durch die abriebfeste Beschichtung ist es jedoch sehr pflegeleicht, die kräftige Klinge aus niedrig-legiertem Kohlenstoffstahl ist nahezu unzerstörbar und leicht nachschärfbar. Die Griffsicherheit ist hoch, und man kann nicht nur damit schneiden, sondern auch hämmern und sägen. Das reicht!

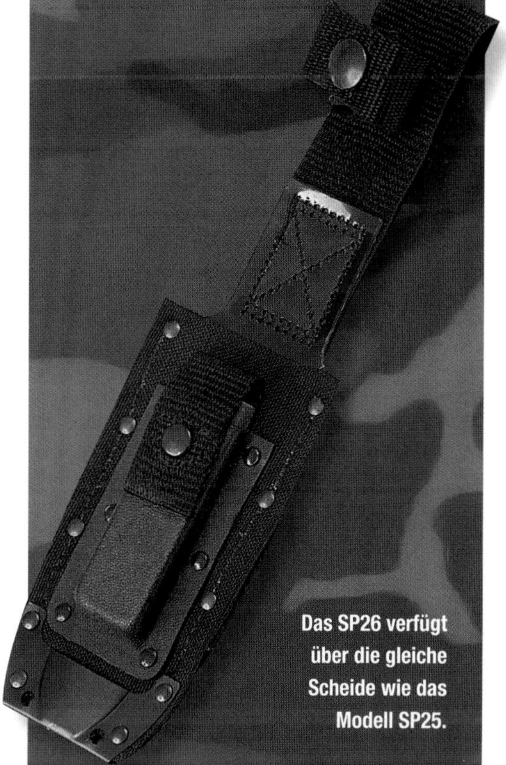

Das SP26 verfügt über die gleiche Scheide wie das Modell SP25.

DATEN

Hersteller:	Ontario Knife Company
Modell:	SP26 SPEC PLUS USN-3
Klingenlänge:	127,0 mm
Klingenstärke:	4,8 mm
Klingenstahl:	1095
Gesamtlänge:	241,0 mm
Gewicht (mit/ohne Scheide):	ca. –/– g
Griff:	Kraton
Scheide:	Cordura/Leder
Alternativen:	A.S.E.K.
Herstellungsland:	USA
Versorgungsnummer:	keine (privat beschafft)

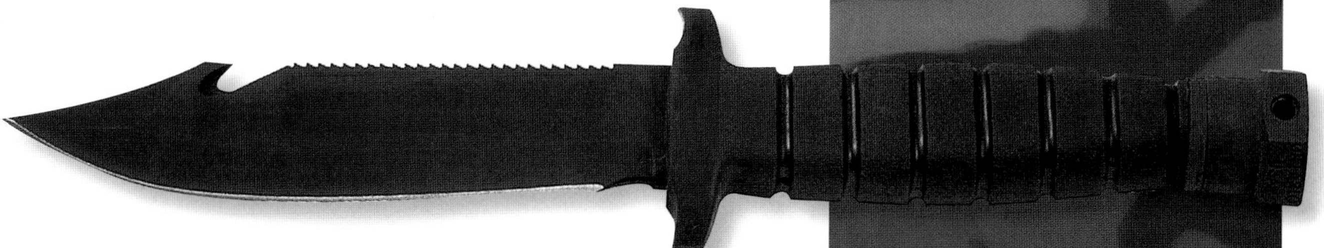

Nähere Angaben zu diesem Bild sind leider nicht bekannt. Es wurde von Gary Randall zur Verfügung gestellt und zeigt nach seinen Angaben einen U.S. Navy SEAL im Irak. Bewaffnet ist er mit einem M21-Scharfschützengewehr im Kaliber .308 Win. Als Optik verwendet er ein Zielfernrohr der Firma Leupold. Auf seiner Taktikweste hat er das Randall-Modell 14 in einer Cordura-Scheide der Firma Spec-Ops mit dem Griff nach unten befestigt. *Foto: Randall Knives*

RANDALL MOD. 14 ATTACK

Ein selten gesehenes, aber erstklassiges Einsatzmesser.

Obwohl man für das hier getragene Kampfmesser rund 500 Dollar zahlt, ist es doch eines der bekanntesten und meist gesuchten Messer von einem der legendärsten Messerhersteller weltweit: Es handelt sich um das Modell 14 Attack, das seit den 1960ern von Randall Made Knives in Orlando, Florida, gefertigt wird. Wenn man heute bestellt, muss man bis zu sechs Jahre Wartezeit in Kauf nehmen, bis man das Mod. 14 bekommt – so gefragt ist die kleine und feine Manufaktur.

Begonnen hat die Erfolgsgeschichte mit einem ersten, aus einer Feile geschliffenen Messer, das stark an die Exemplare von Bill Scagel angelehnt war, dem Urvater aller Knife Maker. Dann machte Bo Randall ein Messer für einen Frontsoldaten, was ihm immer mehr Aufträge einbrachte. Jahre später fertigte Bo sogar Messer für die erste bemannte Weltraum-Mission. Seit Bo Randall 1989 verstarb, führt sein Sohn Gary den Betrieb fort.

Das Modell 14 ist als nahezu unzerstörbares Allround-Messer konstruiert, das sich auch im Militäreinsatz und als Überlebensmesser gut macht. Für die geschmiedete Klinge kommt entweder O1-Kohlenstoffstahl oder rostfreie Stähle wie 440C, ATS-34 oder 154-CM zum Einsatz. Der O1-Stahl hat ein sehr feines Gefüge, ist bruchelastisch und einfach nachzuschärfen. Den Stahl erkennt man an der Klingenkennzeichnung: ein S wie „stainless" markiert den rostträgen Stahl.

Der flache Anschliff beginnt etwa ab der Hälfte der Klingenbreite. Eine langgezogene falsche Rückenschneide kennzeichnet die Fighter-Klinge und erhöht die Eindringfähigkeit. Aufgrund der großzügigen Klingenstärke von etwa sechs Millimetern ist die Spitze jedoch sehr stabil und hat auch Querbelastungen etwas entgegenzusetzen.

Der sehr breite Handschutz besteht aus Messing und ist mit der Klinge verlötet, um ein Eindringen von Feuchtigkeit oder Schmutz in den Griff zu verhindern. Innerhalb des Micarta-Griffs setzt eine zwei Zentimeter breite Angel die Klinge fort. Mittels Epoxydklebstoff ist sie untrennbar mit dem Micarta-Griff verbunden, der standardmäßig mit vier Fingermulden versehen ist. Andere Griffformen wie „Single Finger Grip" und „Border Patrol" gibt es auf Wunsch. Am Griffende befindet sich eine mit Messing eingefasste Öse für einen Fangriemen.

Das Messer kommt mit einer erstklassig verarbeiteten Scheide aus Leder mit kleiner Vortasche, die einen Schleifstein enthält. Ein quer über den Handschutz laufender Riemen mit Druckknopf sichert das Messer in der Scheide.

Gary Randall, der Eigentümer der legendären Messermanufaktur aus Florida.

Das tief in den Stahl geprägte Firmenlogo.

DATEN

Hersteller:	Randall Made Knives
Modell:	Mod. 14 Attack
Klingenlänge:	190,0 mm
Klingenstärke:	6,0 mm
Klingenstahl:	0-1 oder 440C/ATS-34/154-CM
Gesamtlänge:	305,0 mm
Gewicht (mit/ohne Scheide):	ca. 620/400 g
Griff:	Micarta
Scheide:	Leder
Herstellungsland:	USA
Versorgungsnummer:	keine (privat beschafft)

Dieser Marine gehört zu einer Patrouille der G Company „Raiders", 2nd Battalion, 2nd Marine Regiment. Am Tag der irakischen Parlamentswahlen, dem 15. Dezember 2005, operierte die Einheit in Al Karmah, einer Kleinstadt nördlich von Fallujah. An der Schutzweste ist gut das Smith & Wesson-Messer zu erkennen.

SMITH & WESSON H.R.T. COMBAT/SURVIVAL KNIFE

Schweres Camp-Knife für anspruchsvolle Aufgaben.

Das feststehende Smith & Wesson-Messer trägt den Beinamen HRT, was für „Hostage Rescue Team“ steht. Das Hostage Rescue Team ist eine Eliteeinheit des FBI, die auf Antiterrorkampf und Geiselbefreiungen spezialisiert ist. Das Motto des HRT lautet „Servare Vitas“: Um Leben zu retten.

Hersteller der Smith & Wesson-Messer ist die Firma Taylor Brands (www.taylorbrandsllc.com), die vorwiegend in Asien fertigen lässt. Mit dem Aufgabengebiet des Hostage Rescue Teams im Hinterkopf wurde eine ganze Modellreihe gefertigt, darunter dieses mächtige Messer, das für schwere Einsätze geeignet ist. Es sticht aus den vielen S&W-Modellen auch deshalb heraus, weil es vom Messermacher Darrel Ralph entwickelt wurde.

Mit einer Klingenstärke von fünf Millimetern und der über 17 Zentimeter langen Recurve-Klinge aus 440C-Stahl lässt sich mit dem HRT nicht nur schneiden, sondern auch hacken und hebeln. Auch als Camp Knife oder zum Stellungsbau wäre dieses Full-Tang-Modell sicher bestens geeignet. Der Klingenschliff setzt nahe am Rücken an, was für gute Schneideigenschaften sorgt, die Oberfläche ist mit einem sandgestrahlten Finish versehen, um Reflexionen zu vermeiden.

Der auf die durchgehende Angel geschraubte Griff aus Zytel-Kunststoff ist dank der strukturierten Oberfläche sehr griffig und kann auch mit nassen Händen sicher geführt werden. Die Fingermulden, das Parierelement (Teil des Griffs) und der Abschlussknauf verleihen zusätzliche Griffsicherheit – insbesondere dann, wenn das Messer für grobe Arbeiten eingesetzt wird. Die Grifflänge liegt bei 16,5 Zentimetern, ganz am Ende des Griffs befindet sich eine Öse für eine Fangschnur.

Die Zytel-Scheide nimmt das wuchtige Messer sicher auf und lässt sich um 360 Grad drehen, womit der Anwender sich seinen Ziehwinkel individuell einstellen kann. An insgesamt sechs seitliche Ösen lässt sich eine alternative Befestigungsleine anbringen. Die Öse an der Scheidenspitze dient zur Aufnahme eines Fangriemens.

Insgesamt ein solide gebautes Messer, das durch seine Linienführung nicht nur elegant aussieht, sondern auch als echtes Arbeitstier genutzt werden kann. Leider ist die Produktion des SWHRTDR inzwischen eingestellt worden.

In dieser Perspektive ist die improvisierte Befestigung mit Kabelbindern zu erkennen.

DATEN

Hersteller:	Smith & Wesson/Taylor Brands, LCC.
Modell:	SWHRTDR
Klingenlänge:	178,0 mm
Klingenstärke:	5,0 mm
Klingenstahl:	440C
Gesamtlänge:	243,0 mm
Gewicht (mit/ohne Scheide):	–/–
Griff:	Zytel
Scheide:	Zytel
Herstellungsland:	China
Versorgungsnummer:	keine (privat beschafft)

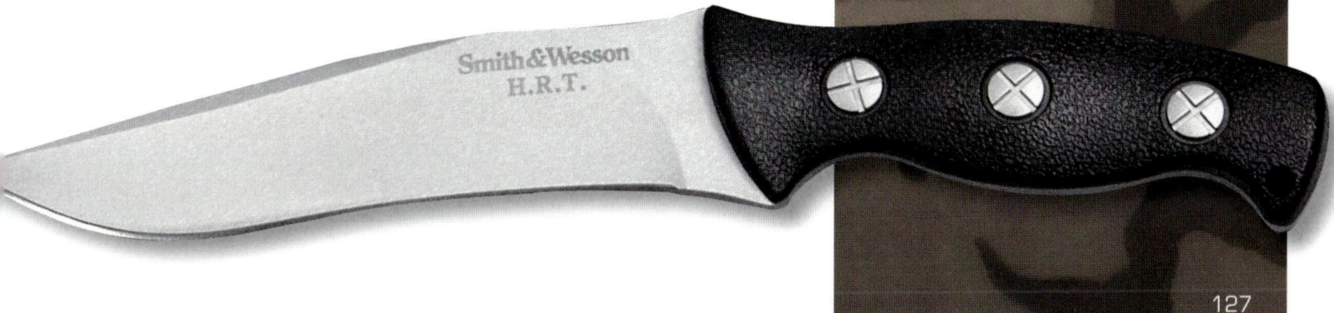

Dieser U.S. Soldat trägt ein Smith & Wesson HRT-Stiefelmesser. Er dient als „Breacher" und hat den Auftrag, mit seiner Mossberg-500-Schrotflinte bei Zugriffen Türen aufzuschießen. Der Soldat gehört zum 4th Stryker Brigade Combat Team der 2nd Infantry Division und wurde Anfang 2008 in Baqubah fotografiert.

SMITH & WESSON H.R.T. BOOT KNIFE

Kampfmesser mit japanischen Designelementen.

Das Smith & Wesson Boot Knife aus der H.R.T.-Serie ist im modernen Tanto-Stil gehalten. Die in Asien gefertigten Smith & Wesson-Messer sind relativ preiswert, die Verarbeitung kann man durchaus als zufriedenstellend bezeichnen.

Die Hauptschneide des Stiefel-Messers ist leicht konkav geschwungen, zur Tanto-Spitze hin senkt sich der mit einer falschen Schneide versehende Klingenrücken etwas herab. Die Anschliffkante liegt zirka einen Zentimeter unterhalb des Klingenrückens, so dass die volle Klingenstärke über einen großen Teil der Klinge bestehen bleibt, was für Stabilität sorgt. Die schwarze Teflon-Beschichtung der 440C-Klinge hilft, unerwünschte Lichtreflexe zu vermeiden, den Reibungswiderstand zu verringern und Rostbefall zu verhindern.

Der flache, 10,8 Zentimeter lange Griff besteht aus Aluminium, die Oberfläche ist stark strukturiert, um der messerführenden Hand guten Halt zu geben. Von der Optik her entspricht der Griff den klassischen Cold-Steel-Designs, die allerdings in Kraton-Kunststoff produziert werden. Zur Klinge hin schützt ein rundes Parierelement die Hand vor dem Abrutschen. Der Erl, der in voller Stärke durch den Griff reicht, steht einen guten Zentimeter über und formt eine Fangriemenöse aus, mit der man das Messer zusätzlich sichern kann.

Für die relativ einfach aufgebaute Scheide kommt schwarzes Leder zum Einsatz, in der das Tanto-Messer bis zum Parierelement steckt. Ein Riemen mit Druckknopfverschluss sichert das Messer gegen Verlust. Zum Anclippen an Gürtel, Stiefelschäfte oder – wie im Bild links getragen – an M.O.L.L.E.-Schlaufen, befindet sich an der Rückseite der Scheide ein Metallclip. Eine zusätzliche Sicherung mit Paracord oder Kabelbinder ist aber trotzdem empfehlenswert.

Das Smith & Wesson HRT7T ist ein preiswertes Messer made in China, das aber ohne Probleme im Einsatz Verwendung finden kann. Dafür spricht schon der 440C-Stahl, der immer noch zu den besseren Klingenstählen gehört. Bei richtiger Härtung bleibt die Klinge lange scharf und kann auch im Feld ohne größere Probleme nachgeschärft werden.

Der Zugwinkel ist bei dieser Trageweise nicht optimal. Dafür ist das Messer aber gut vor Verlust geschützt.

Zum Lieferumfang gehört eine der Qualität des Messers entsprechende Lederscheide.

DATEN

Hersteller:	Smith & Wesson/Taylor Brands, LCC.
Modell:	SWHRT7T
Klingenlänge:	121,0 mm
Klingenstärke:	3,8 mm
Klingenstahl:	440C
Gesamtlänge:	229,0 mm
Gewicht (mit/ohne Scheide):	–/– g
Griff:	Aluminium
Scheide:	Leder
Herstellungsland:	China
Versorgungsnummer:	keine (privat beschafft)

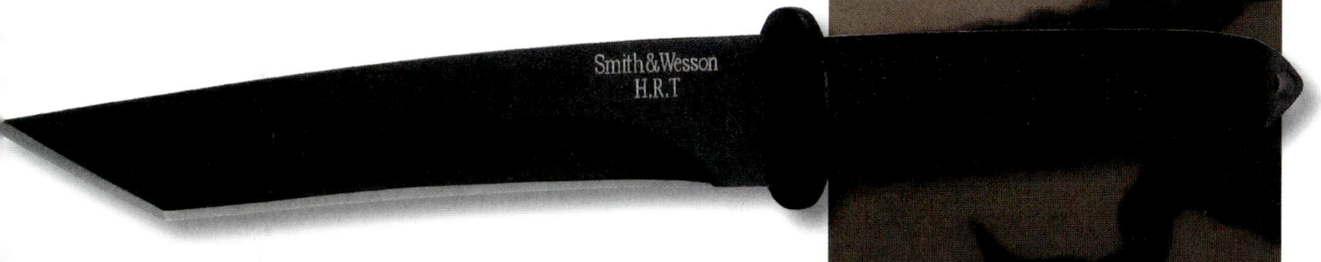

Zugangskontrolle am Tor von Camp Warehouse in Kabul im März 2003: Mit einem Metalldetektor überprüft ein Angehöriger des AUCON/ISAF, also des österreichischen Kontingents der International Security Assistance Force (ISAF), einen Afghanen nach versteckten Waffen. Ein Großteil der Soldaten des österreichischen ISAF-Kontingents wurde vom Jägerbataillon 25 gestellt. Das Bataillon ist der einzige für Luftlandungen ausgebildete Verband des österreichischen Heeres. Dieser Fallschirmjäger trägt ein SEAL 2000 von SOG an seiner Kampfmittelweste.

SOG SEAL 2000

Für den maritimen Spezialeinsatz entwickelt.

Während des Vietnamkriegs waren nur wenige Hundert United States Navy SEALs im Einsatz, die dem Military Assistance Command Vietnam – Studies and Observation Group (MACV-SOG), dem militärischen Oberkommando für Vietnam, unterstellt waren. Sie wurden mit einem speziellen Einsatzmesser ausgestattet, das als Vorlage für das SEAL 2000 diente, das in den 90ern vom Messer- und Toolhersteller SOG eingeführt wurde.

Das SEAL-2000-Bowiemesser gewann die Ausschreibung der U.S.-Regierung für das neue Navy-SEAL-Einsatzmesser und wurde standardmäßig an die Mitglieder dieser Spezialeinheit ausgegeben. Die Bezeichnung SEAL ist ein Akronym aus den Worten Sea, Air, Land und ist zusätzlich der englische Ausdruck für Seehund. Auch wenn viele Hersteller damit werben, offizieller Ausrüster einer militärischen Spezialeinheit zu sein – bei diesem Modell stimmt es tatsächlich!

Das SEAL 2000 wird offiziell auch SK2000 für Steel Knife genannt – Steel Knife deshalb, weil es auch noch ein von Mission Knives hergestelltes SEAL-Knife gab, das aus Titan gefertigt wurde. Auch wenn es relativ gut als Allroundmesser eingesetzt werden kann, ist das SEAL 2000 primär als Verteidigungsmesser für den Nahkampf gedacht. Die Form der Spitze und des Klingenrückens eignen sich gut zum kontrollierten Zustechen, die Penetrationskraft ist hoch. Zwar ist der Klingenrücken nahe der Spitze nicht komplett scharf geschliffen, doch das kann man selbst nachholen.

Das Messer wurde mit einer verstärkten Nylonscheide ausgeliefert, die zwar nicht so sicher wie eine harte Kunststoff- oder Kydex-Scheide ist, das Messer dafür jedoch geräuschlos aufnimmt – und freigibt. Zwei Riemen mit Druckknopf sichern das Messer, wenn man es kopfüber trägt.

Als Stahl kam zunächst 440A, später AUS-6 zum Einsatz – relativ weiche, aber gutmütige Stahlsorten, die rostträge, leicht nachschärfbar und bruchunempfindlich sind. Statt zu brechen, verbiegt sich die Klinge eher. Allerdings kann man selbst einen einfachen Stahl kaum verbiegen, wenn er knapp 6,4 Millimeter stark ist, so wie beim SK2000 an der dicksten Stelle der Klinge. Die maximale Klingenbreite liegt bei 31,7 Millimetern und das Gewicht des Messers ohne Scheide bei 345 Gramm. Die flach geschliffene Klinge ist im hinteren Drittel mit einem partiellen Wellenschliff versehen.

Das SEAL 2000 wird nicht mehr hergestellt, der Nachfolger SEAL Team S37 ist jedoch ganz ähnlich aufgebaut. Allerdings kommt härterer AUS-8-Stahl zum Einsatz.

Per Fastex-Verschluss kann die Scheide auch bei bereits angelegter Ausrüstung befestigt werden.

Durch die Trageweise hinter den Magazintaschen ist das SEAL 2000 vor Fremdzugriff weitestgehend geschützt.

DATEN

Hersteller:	SOG Specialty Knives & Tools, Inc.
Modell:	SEAL 2000
Klingenlänge:	178,0 mm
Klingenstärke:	6,4 mm
Klingenstahl:	AUS-6
Gesamtlänge:	312,0 mm
Gewicht (mit/ohne Scheide):	450/345 g
Griff:	Zytel
Scheide:	Nylon
Alternativen:	Nachfolger SEAL Team S37
Herstellungsland:	USA
Versorgungsnummer:	keine (privat beschafft)

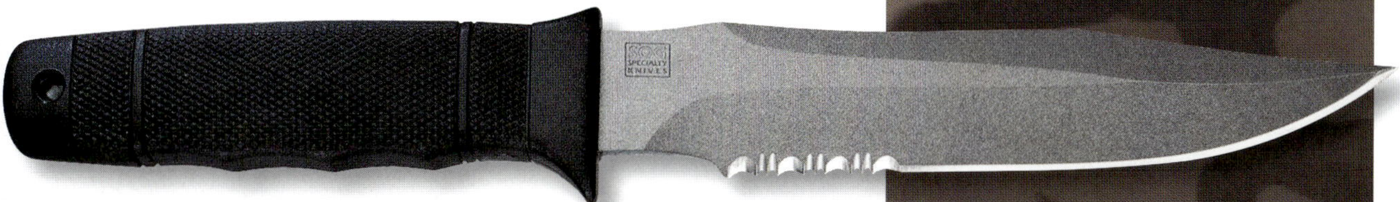

Patrouillen gehören zum täglichen Dienst der U.S. Marines im Irak. Dabei besuchen die Marines regelmäßig auch Kontrollposten, die von den irakischen Sicherheitskräften betrieben werden. Dieses Bild entstand in einem irakischen Kontrollposten an der Euphrat-Brücke in Bahni Dahir. Gerade genießt ein Sergeant einer Patrouille des 3rd Platoon, I Company, 3rd Battalion, 23rd Marine Regiment, während einer kurzen Pause eine Cola und eine Zigarette. An seinem linken Oberschenkel führt er ein SOG Seal Pup.

SOG SEAL PUP

Leicht transportierbares und multifunktional verwendbares Einsatzmesser.

Bei dem im Foto links getragenen Messer handelt es sich um das Modell Seal Pup der amerikanischen Firma SOG. Das Seal Pup ist die handlichere Version des SEAL 2000, das offiziell von den U.S. Navy SEALs eingeführt und zuvor gründlich auf seine Verlässlichkeit getestet wurde: Unter anderem wurden Bruchtests der Spitze und der Klinge sowie Überprüfungen der Stabilität des Griffs und der Korrosionsanfälligkeit durchgeführt. Beim SEAL PUP kommt japanischer AUS-6-Stahl zum Einsatz.

Bei der im Bild getragenen Kydex-Scheide handelt es sich um eine optionale Scheidenvariante, die neben dem Clip auch mit einer Gürtelaufhängung mit Druckknopfverschluss versehen ist. Die Haltekraft in der Scheide ist sehr gut. Standardmäßig wird das Seal Pup mit einer M.O.L.L.E.-kompatiblen Nylonscheide vertrieben. Diese ist auf der Vorderseite mit einer geräumigen Tasche versehen, in der sich beispielsweise ein Multitool unterbringen lässt. Ein Riemen mit Druckknopf sichert das Messer.

Typisch für die Messer der SEAL-Serie ist die eigenwillige Bowie-Form der Klinge. Der AUS-6-Stahl enthält rund 0,6 Prozent Kohlenstoff und 14 Prozent Chrom. Er ist nur mäßig schnitthaltig (ähnlich 440A), ist aber leicht nachzuschärfen, nicht besonders bruchanfällig und sehr rostbeständig. Für ein Messer, das man auch im Einsatz nachschärfen muss und das nicht nur zum Schneiden, sondern auch mal zum Kisten aufstemmen oder Dosen öffnen benutzt wird, keine schlechte Wahl. Auch bei Tauchern findet das Seal Pup, dessen Klinge pulverbeschichtet wurde, häufig Verwendung.

Die maximale Klingenstärke liegt bei knapp über vier Millimetern. Der Klingenrücken ist nicht scharf geschliffen (falsche Schneide). Ein Punkt, der öfter an der Klinge bemängelt wird, ist dass der ungeschliffene Teil der Klinge vor dem Griff (das Ricasso) mit zirka 2,5 Zentimetern zu lang ist und dadurch nutzbare Schneidenlänge verschenkt wird. Die tief herabgesetzte Anschliffkante erhöht zwar die Stabilität der Klinge, wirkt sich jedoch bremsend auf die Schneidleistung aus. Der aggressive Wellenschliff erleichtert das Zertrennen von harten Kunststoffmaterialien und Blech.

Der Zytel-Griff ist mit mehreren Fingermulden versehen und an den beiden Seitenflächen mit einer rutschhemmenden Oberflächenstruktur ausgestattet. Am Ende des Griffs kann ein Fangriemen angebracht werden.

Die Scheide eignet sich dank der Einkerbung auch als Leinenkapper.

Als Extra gibt es für das SOG SEAL Pup auch eine Kydex-Scheide.

DATEN

Hersteller:	SOG Specialty Knives & Tools, LCC.
Modell:	Seal Pup M37
Klingenlänge:	121,0 mm
Klingenstärke:	4,1 mm
Klingenstahl:	AUS-6
Gesamtlänge:	229,0 mm
Gewicht (mit/ohne Scheide):	–/153 g
Griff:	Zytel
Scheide:	Nylon
Alternativen:	Seal Pup Elite
Herstellungsland:	Japan
Versorgungsnummer:	keine (privat beschafft)

Specialist Razo hat an seiner IBA-Schutzweste mit IOTV-Überzug ein Seal Pup Elite von SOG angebracht. Er ist einer von rund 144.000 Angehörigen der U.S.-Streitkräfte, die sich im August 2008 im Irak befanden.

SOG SEAL PUP ELITE

Die dritte Ausführung des bekannten SEAL-Messers.

Das Seal Pup Elite ist eines der modernsten Messer aus der SEAL-Reihe, das zwar viele Designelemente der anderen Modelle übernimmt, im Detail jedoch überarbeitet wurde. Ganz typisch für SOG ist die Bowie-Form der Klinge. Auch die Full-Tang-Konstruktion (der Erl reicht in voller Stärke durch den Griff) fand sich schon beim großen Bruder.

Im Vergleich zum Seal Pup besteht das Elite jedoch aus japanischem AUS-8-Stahl (anstelle AUS-6), der auf zirka 58 Grad Rockwell C gehärtet wird. Das Verhältnis von Klingenlänge zu nutzbarer Schneidenlänge wurde beim Elite optimiert. Die Klingenstärke wurde im Vergleich zum kleineren Vorgänger erhöht und liegt nun bei 4,7 Millimetern. Eine anständig gehärtete Klinge dieser Stärke zu zerstören, ist mit normalen Mitteln kaum möglich. Nur im vordersten Bereich der Spitze ist das Elite sehr fein ausgeschliffen und bei Hebelbelastungen eventuell bruchgefährdet. Dafür ist die Penetrationskraft sehr hoch. Der gesamte Klingenrücken ist mit einer feinen Verzahnung versehen, mit dem sich Holz oder auch weicheres Metall zerteilen lässt. Insgesamt gibt es vier Klingenvarianten: unbeschichtet mit glatter Schneide, schwarz Titan-Nitrid-beschichtet mit glatter Schneide oder mit partiellem Wellenschliff sowie Titan-Nitrid beschichtet im Tigerstripe-Look mit Teilwelle.

Der im Spritzgussverfahren hergestellte Griff besteht aus glasfaserverstärktem Kunststoff (Zytel). Er ist mit einer rutschhemmenden Oberflächenstruktur versehen. Vier Fingermulden verbessern die Handlage zusätzlich. Den Abschluss bildet eine Öse für einen Fangriemen.

Zum Messer gibt es zwei unterschiedliche Scheiden, die beide durchdacht konstruiert sind. Die auf dem Foto links verwendete Nylon-Scheide wird standardmäßig geliefert. Mit der durchgehenden Schlaufe auf der Rückseite lässt sich die Scheide nicht nur an Gürteln, sondern auch an M.O.L.L.E.-Schlaufen befestigen. Im Inneren der Scheide befindet sich ein passgenauer Durchstoßschutz aus Kunststoff. Die auf der Oberseite angebrachte Vortasche wird per Klettverschluss verschlossen und bietet Platz für ein Multi-Tool oder eine kleine Taschenlampe.

In Zusammenarbeit mit den U.S. Navy SEALs hat SOG auch eine Kydex-Scheide entwickelt, die im Klingenbereich mit einer Aussparung versehen ist, die bis zur Schneide des Messers reicht. So kann man Leinen und Schnüre kappen, ohne das Messer aus der Scheide zu nehmen.

Alternativ wird das Messer auch mit einem getigerten Klingenfinish produziert.

Die Cordura-Scheide bietet Platz für zusätzliche Ausrüstung wie Tools oder Schärfer.

DATEN

Hersteller:	SOG Specialty Knives & Tools, Inc.
Modell:	Seal Pup Elite
Klingenlänge:	123,0 mm
Klingenstärke:	4,7 mm
Klingenstahl:	AUS-8
Gesamtlänge:	241,0 mm
Gewicht (mit/ohne Scheide):	–/150 g
Griff:	Zytel
Scheide:	Nylon
Alternativen:	unbeschichtet, beschichtet, partieller Wellenschliff
Herstellungsland:	Japan
Versorgungsnummer:	keine (privat beschafft)

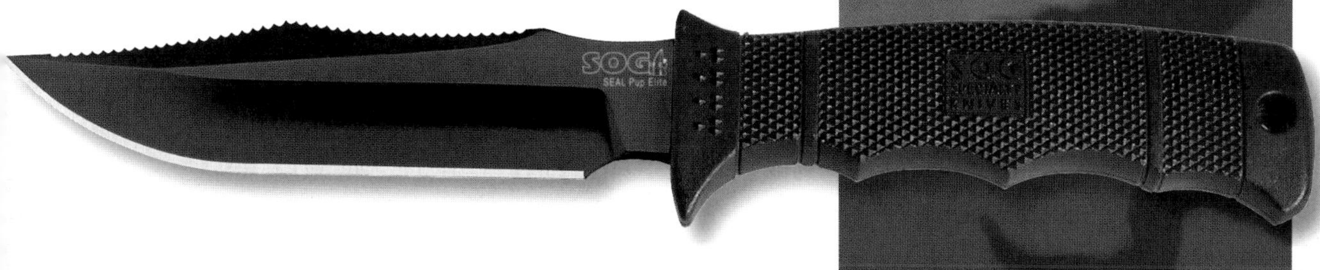

Sergeant Collins gehört zur C Company des 2nd Battalion, 4th Infantry Regiment. Bei dieser Einheit handelt es sich um ein leichtes Infanteriebataillon der 10th Mountain Division. Im Sommer 2008 operierte das Bataillon im Süden von Bagdad. Das Bild entstand während einer Patrouille in den ländlichen Außenbezirken der Stadt. An seiner ballistischen Schutzweste trägt Sergeant Collins ein Messer von United Cutlery.

UNITED CUTLERY ELITE FORCES RECON KNIFE

Ein flaches Stiefelmesser, das nicht aufträgt.

Ein seltenes Messer, das der Soldat an der linken Brust neben seinem Benchmade Rescue Hook an den Schlaufen der Einsatzweste befestigt hat. Gefertigt wurde das Elite Forces Recon von der Firma United Cutlery. Es ist ein relativ einfaches Messer, das aus einem Stück Stahl besteht. Diese Integralbauweise sorgt für eine erhöhte Stabilität – zumal die maximale Stärke des Messers bei 4,7 Millimetern liegt, was nicht gerade wenig ist.

Als Material wurde 420J2-Stahl verwendet, den man bei hochwertigeren Messern vor allem als Platinen-Material verwendet. Dieser Stahl entspricht im wesentlichen dem auch in Solingen häufig verwendeten 1.4034. Er enthält zwischen 0,4 und 0,5 Prozent Kohlenstoff und als wichtigste Zusatzlegierung zwischen 12 und 14 Prozent Chrom, das sich positiv auf die Rostbeständigkeit auswirkt. Eine zusätzliche, vom Hersteller nicht näher spezifizierte Beschichtung schützt den Stahl zusätzlich. Die mittelspitze Klinge ist vom starken Mittelgrat an beidseitig hohl geschliffen. Von der Spitze bis zur Mitte des Klingenrückens wurde eine falsche Schneide angeschliffen (nicht geschärft), danach ist der Rücken – wie auch der Griff – durchgehend 4,7 Millimeter stark.

Der beidseitige Handschutz ist breit genug, um ein Abgleiten der Hand auf die Klinge wirksam zu verhindern. Das ist auch nötig, da der 11,3 Zentimeter lange Griff relativ dünn und vor allem auch glatt ist. Vor allem bei Nässe oder wenn man schwitzt, besteht die Gefahr, dass die messerführende Hand nur ungenügenden Halt findet. Die beiden Fingermulden verbessern die Griffsicherheit ein wenig.

Die Kunststoffscheide ist passgenau gefertigt und hält das Messer zuverlässig fest. Dazu rastet ein Teil der Scheide in den länglichen Griffdurchbruch ein. Ausgestattet ist die Scheide mit einem Kunststoff-Clip, der die Befestigung an Stiefeln oder an LBE-Schlaufen ermöglicht. Mit zwei Ösen am unteren Ende der Scheide kann das Messer auch mit dem Griff nach unten getragen werden.

Mit einem offiziellen Verkaufspreis unter 30 Dollar war das Elite Forces Recon recht preiswert. Trotz der relativ unspektakulären Materialien und des nicht optimalen Griffs hat dieses Messer als Notfallmesser seine Berechtigung. Es wird allerdings nicht mehr produziert.

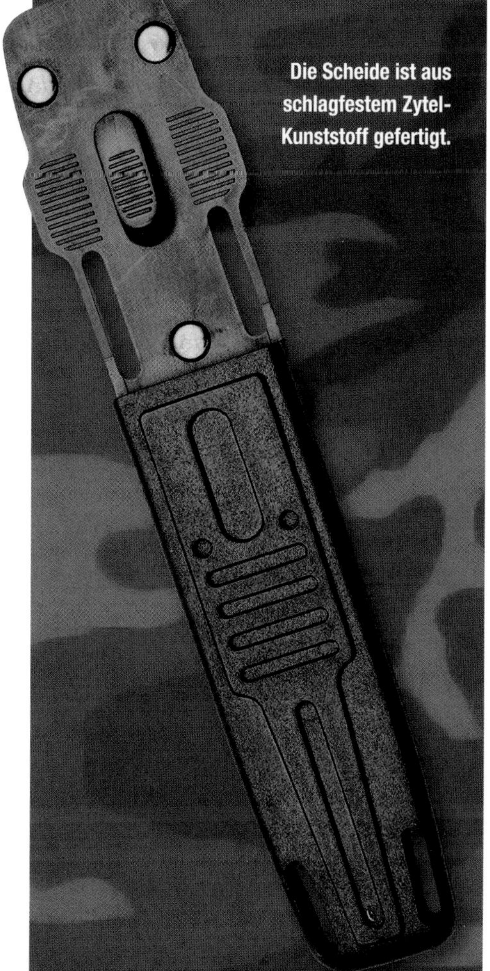

Die Scheide ist aus schlagfestem Zytel-Kunststoff gefertigt.

DATEN

Hersteller:	United Cutlery Corp.
Modell:	Elite Forces Recon Knife
Klingenlänge:	112,0 mm
Klingenstärke:	4,7 mm
Klingenstahl:	420J2
Gesamtlänge:	224,0 mm
Gewicht (mit/ohne Scheide):	–/–
Griff:	420J2
Scheide:	Kunststoff
Herstellungsland:	China
Versorgungsnummer:	keine (privat beschafft)

Oft kommt es vor, dass Marines oder Soldaten der U.S. Army zwei oder mehr Messer führen. Fast jeder hat ein Klappmesser eingesteckt. Außerdem haben viele Soldaten noch ein Multitool dabei. Als drittes wird dann außen an der Schutzweste noch ein Kampfmesser getragen. Dieser Marine führt zusätzlich zu seinem Ontario-Bajonett noch ein Hornet-Stiefelmesser von United Cutlery. Das Bild entstand im Dezember 2005 im Raum Fallujah im Irak.

UNITED CUTLERY HORNET BOOT KNIFE

Einfacher, aber robuster Einsatzdolch.

Die recht sorglose Trageweise des Dolchs im Bild ist nicht zur Nachahmung empfohlen. Auch wenn die Schneiden offensichtlich nicht sehr scharf sind. Der Marineinfanterist könnte sich selbst verletzen, und im Nahkampf könnte ein Gegner das Messer spielend leicht greifen.

Das Hornet Boot Knife gehört zu den klassischen Vertretern der frühen 90er Jahre: Satinierte Klinge, Kraton-Griff und Nylon-Scheide. In verschiedenen Größen hergestellt, wurde der Dolch von vielen Firmen angeboten. Das in Taiwan produzierte Messer wurde in den USA unter anderem auch von United Cutlery angeboten. Bereits vor der Insolvenz des Unternehmens fand sich das Hornet Boot Knife bereits nicht mehr im Sortiment.

Die elf Zentimeter lange Klinge wurde aus 440A-Stahl gefertigt. Die Korrosionsbeständigkeit dieses preiswerten Stahls ist ziemlich hoch, und das Nachschärfen verlangt auch keinen besonderen Aufwand. Nur die Schnitthaltigkeit ist dementsprechend geringer. Dem damaligen Zeitgeist entsprechend wurde die Klinge mit einer satinierten Oberfläche versehen, die vermutlich an den Urvater dieses Dolchtyps angelehnt war, den Gerber Mark II. Das gleiche gilt auch für die beidseitig angebrachte partielle Verzahnung, die dem Dolch mehr „Biss" geben soll. In der Regel erlaubt die Klingengeometrie bei diesen Modellen keine besonders scharfe Schneide.

Der Griff aus thermoplastischem Kraton-Kunststoff liegt bequem in der Hand, fällt aber aufgrund der Konzeption als Stiefelmesser sehr kurz aus. Interessant ist, dass der Erl aus dem Griffende herausragt und damit eingeschränkt auch zum Hämmern genutzt werden kann. Durch das gummiartige Verhalten des Kunststoffs ist der Handschutz nicht sehr formstabil, sondern lässt sich mit etwas Druck verbiegen. Eine Öse im Griffende erlaubt die Befestigung einer Fangschnur.

Die Scheide aus Nylon ist einfach aufgebaut und wurde mit einem Durchstechschutz aus Kunststoff versehen. Eine Druckknopfsicherung soll das Hornet vor Verlust schützen. Auch wenn diese Scheide wenig spektakulär ist, so ist dem im Foto gezeigten Marine doch dringend zu empfehlen, diese zum Tragen des Messers auch einzusetzen.

Beide Klingenseiten sind mit einer feinen Verzahnung versehen.

Der Erl steht hinten ein Stück über.

DATEN

Hersteller:	United Cutlery Corp.
Modell:	Hornet Boot Knife
Klingenlänge:	110,0 mm
Klingenstärke:	5,0 mm
Klingenstahl:	440A
Gesamtlänge:	220,0 mm
Gewicht (mit/ohne Scheide):	180/130 g
Griff:	Kraton
Scheide:	Nylon
Herstellungsland:	Taiwan
Versorgungsnummer:	keine (privat beschafft)

Das Bild zeigt einen Sicherungsschützen des schwedischen ISAF-Kontingents, der mit dem PSG90-Scharfschützengewehr das Vorgehen von Kameraden sichert. Das PSG90 ist die schwedische Ausführung des bekannten Accuracy-International-Scharfschützengewehres im Kaliber .308 Win. Als Optik verwendet er ein Zielfernrohr der Firma Hensoldt mit zehnfacher Vergrößerung. Als Zweitwaffe führt er eine Glock-Pistole.

Fotos: Anton Muhrbeck & Magnus Andersson

VOX KNIVES PRY MATE

Stämmiges Messer von dänischem Messermacher.

Bei diesem Foto eines schwedischen Präzisionsschützen in Afghanistan wird wieder einmal deutlich, wie unterschiedlich die Messer sind, die tatsächlich im Kriegseinsatz von Soldaten getragen werden. Man findet vom einfachen, lieblos in Form geschliffenen Stück Stahl bis hin zu hangefertigten Custom Knives die ganze Bandbreite. Eines der gehobenen Exemplare ist dieses Vox Pry Mate.

Der Mann hinter Vox Knives ist der dänische Messermacher Jesper Voxnæs, der eine kleine Auswahl an Grundmodellen entwickelt hat, die er auf Kundenwunsch modifiziert. Die Griffe bestehen aus farbigem G-10-Material oder Micarta und werden mit oder ohne Fiberunterlagen oder titaneingefassten Hohlnieten ausgestattet. Vom Fingermesser „MegaMini" (Gesamtlänge 8,9 cm) bis zum 29 Zentimeter langen „Voxrold" gibt es insgesamt sechs Basismodelle. Früher hat Jesper seine Messer überwiegend geschmiedet. In letzter Zeit jedoch verwendet er vorwiegend den pulvermetallurgisch erzeugten RWL-34-Stahl oder Damasteel, aus dem er die Klinge mit seinem Bandschleifer und von Hand heraus schleift.

RWL-34 zeichnet sich durch einen Kohlenstoffanteil von 1,05 Prozent und rund 14 Prozent Chrom aus. Er ist das pulvermetallurgische Pendant zum bewährten ATS-34 Stahl, besitzt jedoch aufgrund der Herstellung ein gleichmäßigeres und feineres Gefüge, was sich positiv auf die Zähigkeit und die mögliche Feinheit der Schneide auswirkt.

Die 6,4 Zentimeter kurze und recht breite Klinge ist vom sieben Millimeter starken Rücken an flach geschliffen. Sieben Millimeter sind schon eine Ansage und versprechen enorme Stabilität. Jesper Voxnæs hat von vielen Soldaten die Rückmeldung bekommen, dass sie ein Messer benötigen, das auch Hebelarbeiten schadlos übersteht. Für Kunden, die eine etwas schneidfreudigere Klingengeometrie bevorzugen, gibt es das ähnlich konstruierte „Voxmate" mit 4,7 Millimeter starker Sheepsfoot-Klinge.

Eine Fingermulde bildet den Übergang zwischen Klinge und Griff. Der Erl reicht in voller Stärke durch den Micarta-Griff. Zwei mit Titan eingefasste Hohlnieten mit 13 Millimeter Durchmesser verbinden Erl und Griff. An der hinteren Niete lässt sich ein Fangriemen anbringen. Eine Kydex-Scheide in Carbonfaseroptik nimmt das Messer sicher auf und lässt sich per Clip am Gürtel befestigen.

Die Kydex-Scheide des Vox Pry Mate trägt kaum auf.

DATEN

Hersteller:	Vox Knives
Modell:	Pry Mate
Klingenlänge:	64,0 mm
Klingenstärke:	7,0 mm
Klingenstahl:	RWL-34
Gesamtlänge:	127,0 mm
Gewicht (mit/ohne Scheide):	–/–
Griff:	Micarta
Scheide:	Kydex
Alternativen:	Griff- und Klingenmaterial-Varianten
Herstellungsland:	Dänemark
Versorgungsnummer:	keine (privat beschafft)

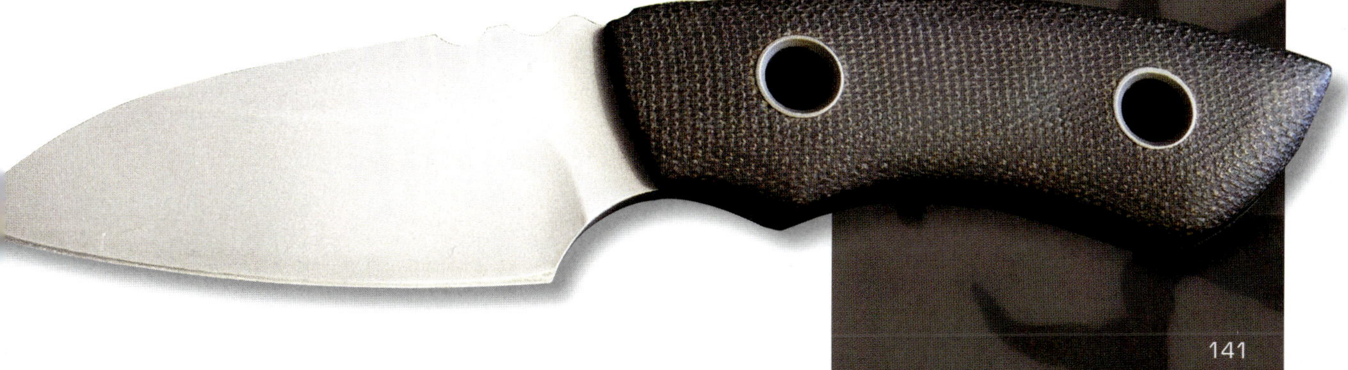

Angehörige der 39 Armoured Engineer Squadron des 32 Engineer Regiments überholen im Stadtgebiet von Basra zwei Pontonbrücken über den Schatt al-Arab. Hier arbeitet der Squadron Sergeant Major der Einheit an einer Brückenrampe. Auf dem Rücken trägt er ein M-Line KN400 Beta Titanium Tauchermesser von XS Scuba.

XS SCUBA BETA TITANIUM KNIFE

Tauchermesser im Pioniereinsatz.

Das schwarze Beta Titanium Knife mit der Modellbezeichnung KN400-BK (es gibt auch gelbe und blaue Modellvarianten) ist ein speziell für Taucher entwickeltes Messer. Hergestellt wird es vom amerikanischen Tauchausrüster XS Scuba. Das Beta Titanium ist allein schon aufgrund des Klingenmaterials interessant. Für die Klinge kommt kein Stahl zum Einsatz, sondern eine spezielle Titanlegierung.

Grundsätzlich kann man sagen, dass Stahl immer das schnitthaltigere und bessere Klingenmaterial ist, zumindest wenn es um Schneidleistung geht. Spezielle Titanlegierungen wie Beta-Titan mit Zulegierung von Vanadium und Aluminium zeichnen sich allerdings durch gute Festigkeit bei gleichzeitig hoher Zähigkeit aus. Zudem ist Titan absolut rostfrei. Weitere interessante Eigenschaften sind das geringe Gewicht (etwa die Hälfte von Stahl bei gleichem Volumen) und dass Titan nicht magnetisch ist, was das Material vor allem bei Minentauchern beliebt macht.

Die beim XS Scuba Beta Titanium verwendete Beta-Titanlegierung erreicht immerhin eine Härte von 51 bis 54 Grad Rockwell C. Die 12,7 Zentimeter lange Klinge ist beidseitig scharf geschliffen. An der oberen Schneide findet sich ein Leinencutter und ein partieller Sägeschliff. Es gibt zwei weitere Varianten des Messers mit stumpfer Schraubendreherspitze (beidseitig geschliffen) und mit Tantoklinge (nur eine Schneide).

Das Griffdesign ist bei den drei Modellen der M-Linie gleich: Ein rutschfester Kunststoffgriff mit vier Fingermulden, „Reifenprofil" und einem beidseitigen Handschutz sorgt für die notwendige Griffsicherheit unter Wasser. Am Griffende ist ein Hammerfortsatz aus rostfreiem Stahl montiert.

Die Scheide ist auf Höhe des Scheidenmundes mit zwei Sicherungssystemen ausgestattet, die das Messer in allen Positionen sicher halten. Sie ist mit Ablauflöchern für eingedrungenes Wasser ausgestattet und kann auf verschiedene Arten am Unterschenkel, dem Oberarm oder der Ausrüstung befestigt werden. Die Dolchform des Messers mit zwei Schneiden macht das Messer zwar nicht zum Allrounder, doch für die meisten Aufgaben und als Notfallmesser ist es gut geeignet.

Die Detailaufnahme zeigt die Befestigung mit Kabelbindern sowie den roten Entriegelungsbolzen an der Scheide.

Zum Lieferumfang des Messers gehört eine typische Tauchermesserscheide aus Kunststoff.

DATEN

Hersteller:	XS Scuba
Modell:	KN400
Klingenlänge:	127,0 mm
Klingenstärke:	4,0 mm
Klingenstahl:	Beta-Titan
Gesamtlänge:	270,0 mm
Gewicht (mit/ohne Scheide):	–/– g
Griff:	Kunststoff
Scheide:	Kunststoff
Alternativen:	Tanto, Blunt Tip
Herstellungsland:	Taiwan
Versorgungsnummer:	keine (privat beschafft)

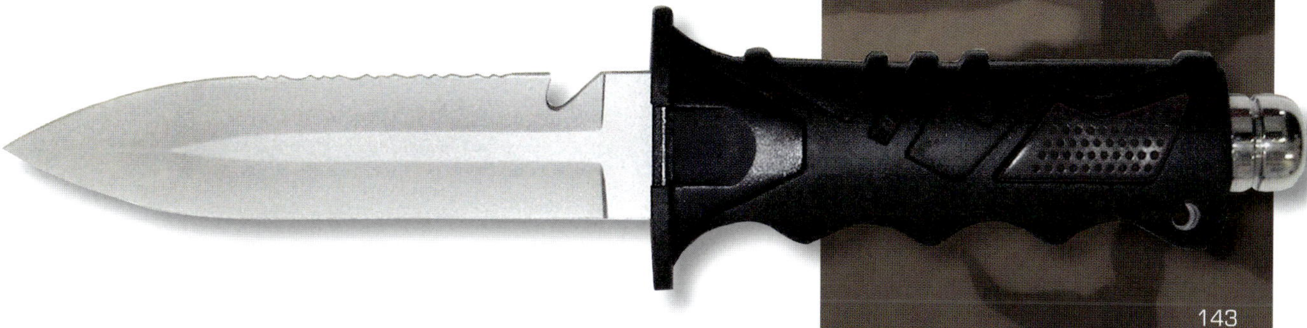

BAJONETTE

Oktober 2008, Lagebesprechung. Kurz vor einer gemeinsamen Patrouille mit irakischen Soldaten informiert Major Allen, Chef des vom 2nd Battalion, The Royal Anglian Regiment der British Army gestellten 2/51 Brigade Military Transission Teams (MiTT), seine Soldaten über den geplanten Einsatz im Stadtgebiet von Basra. Zum Zeigen der Marschroute auf einer Karte verwendet er sein SA80-Bajonett. Bei MiTTs handelt es sich um Ausbildungs- und Unterstützungsteams in Zugstärke, die den Bataillonen, Brigaden und Divisionen der irakischen Streitkräfte zur Seite gestellt werden und sie bei Ausbildung und Einsatz unterstützen.

Kanadische Soldaten des ISAF-Kontingents in Kandahar, Afghanistan, im Jahr 2006. Der Soldat im Vordergrund ist neben dem B2000-Bajonett von Eickhorn mit einem Colt-Diemaco-Karabiner bewaffnet. Die Nationalitätsabzeichen sind IR-reflektierend, die Uniform zeigt das Desert-CADPAT, und die Weste ist im Standard-CADPAT gehalten (Canadian Pattern). *Foto: Sören Sünkler*

EICKHORN B2000 BAJONETT

Vielzweck-Seitengewehr für moderne Infanterieeinheiten.

Das Bajonett B2000 des Solinger Herstellers A. Eickhorn GmbH & Co. für Schneidwaren und Waffen KG (heute: The Original Eickhorn Solingen Co. Ltd.) wurde in enger Zusammenarbeit mit NATO-Streitkräften speziell für das umfangreiche Aufgabengebiet moderner Infanterieeinheiten entwickelt.

Um eine NATO-Versorgungsnummer zu bekommen, musste das B2000 harte Biege- und Verwindungstests, Fall- und Zugtests, Kälte- und ABC-Prüfungen sowie Strom- und Dauerfeuertests überstehen. Die Materialwahl des Bajonetts spiegelt diese Ansprüche wider: Für die 3,6 Millimeter starke Klinge kommt 55Si7-Federstahl zum Einsatz, der auf eine Härte zwischen 51 und 53 Grad Rockwell C gehärtet wird. Normalerweise haben hochwertige Messerklingen eine Härte zwischen 56 und 60 HRC. Durch den geringeren Härtegrad ist das Bajonett B2000 nicht nur sehr leicht nachzuschärfen, sondern auch enorm bruchstabil. Die 18,4 Zentimeter lange Klinge lässt sich in beide Richtungen bis zu 30 Grad biegen, ohne zu zerbrechen.

Das B2000 ist weniger ein Schneidwerkzeug als eine Stichwaffe, auf die man sich in Extremsituationen unbedingt verlassen können muss. Es gilt: Lieber ein stumpfes und verbogenes Seitengewehr, als ein zerbrochenes. Dennoch kann man mit dem Bajonett 2000 auch schneiden. Sogar gehärteter Stacheldraht lässt sich damit kappen. Dazu wird die Bajonett-Klinge mit Hilfe des Durchbruchs in die an der Scheide festgeschraubte Schneidplatte eingehakt und der Draht durch das Vorbeischeren von Klingenrücken und Platten-Schneidfläche gebrochen – das funktioniert. Eine Nachstellschraube in der Schneidplatte garantiert eine optimale Position. Die Klinge und der Handschutz sind mit einer Kalgard-Beschichtung versehen, die vor Rostbefall schützt und Reflexionen verhindert. Das B2000 lässt sich auf alle NATO-Sturmgewehre aufpflanzen.

Der mit Querrillen versehene Griff besteht aus glasfaserverstärktem Kunststoff, der Spannungen von bis zu 10.000 Volt widersteht, beständig gegen Säuren und Laugen und dekontaminierbar ist. Er wird zur Griffmitte hin stärker und liegt gut und sicher in der Hand. Die Kunststoffscheide mit Gurtband ist mit einer Diamant-Nachschärfplatte bestückt. Seit 2005 ist das Seitengewehr B2005CAN offiziell bei den kanadischen Streitkräften im Einsatz.

Die Rückseite der Scheide ist M.O.L.L.E.-adaptierbar.

Drahtschneide-Einrichtung an der Scheide.

DATEN

Hersteller:	The Original Eickhorn-Solingen Co. Ltd. (vorm. A. Eickhorn GmbH & Co. für Schneidwaren und Waffen KG)
Modell:	B2000
Klingenlänge:	184,0 mm
Klingenstärke:	3,6 mm
Klingenstahl:	55Si7
Gesamtlänge:	312,0 mm
Gewicht (mit/ohne Scheide):	550/300 g
Griff:	Kunststoff
Scheide:	Kunststoff
Herstellungsland:	Deutschland
Versorgungsnummer:	NSN 1095-25-149-6922

Auch Schweden beteiligte sich mit einem Kontingent an KFOR. Der Einsatzraum des schwedischen Kontingents befand sich im Südosten von Pristina, der Hauptstadt des Kosovo. Dieser schwedische Infanterist ist mit einem AK5-Sturmgewehr im Kaliber 5,56 x 45 mm bewaffnet. Unter dem Vorderschaft der Waffe befindet sich ein 40-mm-Granatwerfer. An seiner Schutzweste führt der Soldat ein G3-Bajonett der Firma Eickhorn.

EICKHORN BAJONETT G3

Deutsche Bajonettentwicklung für schwedische Truppen.

Der im Kosovo stationierte schwedische KFOR-Soldat im großen Foto links trägt an seiner Einsatzweste ein von der Solinger Firma Eickhorn entwickeltes Bajonett für die Heckler & Koch-Sturmgewehre der Baureihen G3, HK33 und G41. Interessanterweise ist der Soldat mit dem aktuellen schwedischen AK5-Sturmgewehr ausgestattet, auf dem das G3-Bajonett nicht aufgepflanzt werden kann. Vor Jahren schon hat Schweden seine Streitkräfte auf das neue Sturmgewehr im Kaliber 5,56 umgerüstet. Dennoch findet sich das Bajonett in der Nutzung als reines Kampfmesser immer noch bei der Truppe.

Vom Aufbau her ist das G3-Bajonett als reine Waffe entwickelt, die vorzugsweise zum Stoßen eingesetzt werden soll. Die Klingenform entspricht dem amerikanischen M3-Kampfmesser oder auch M7-Bajonett und ist als Spear Point ausgelegt. Verwendet wird in der Regel 55Si7-Federstahl, der mit einer rauen, matten Phosphatschicht überzogen wird. Das Bajonett wird von oben auf die Waffe aufgepflanzt, ähnlich dem französischem FAMAS-System. Die Waffen G3, HK33 und G41 haben dafür im Durchladerohr einen federgelagerten Adapter, in den der Verriegelungszapfen des Bajonetts greift.

Durch den Aufbau der Waffe und des aufgepflanzten Bajonetts ist es nötig, den thermoplastischen Kunststoffgriff vor dem austretenden Mündungsfeuer am Dämpfer zu schützen. Die dabei entstehenden Temperaturen würden sonst langfristig den Kunststoff deformieren. Aus diesem Grunde findet sich im Bereich Griff/Handschutz eine sogenannte Brandschutzkappe aus Metall, die dem entgegenwirken soll. Beim schwedischen G3-Bajonett wurde diese Kappe auch zur Kennzeichnung mit dem schwedischen Staatswappen genutzt, den drei Kronen.

Die Scheide aus Kunststoff hält das Bajonett mit Hilfe eines Federblechs, das in eine Nut am Handschutz greift. Zur weiteren Sicherung wurde zusätzlich ein Gurtband mit Druckknopf angebracht. Dank des U-Bügels kann die Scheide auch am U.S.-Lochkoppel getragen werden. Zwei Löcher am Scheidenboden dienen zum einen als Ablauf für Feuchtigkeit und zum anderen zur Befestigung eines Beinriemens.

Das G3-Bajonett wird von The Original Eickhorn Solingen Co. Ltd. auf Nachfrage immer noch gebaut, obwohl immer mehr Streitkräfte ihre Soldaten mit Mehrzweckbajonetten ausstatten, die sich nicht nur als Waffe nutzen lassen.

Der Verriegelungszapfen des G3-Bajonetts.

Eine Kerbe im Handschutz dient zur Arretierung in der Scheide.

DATEN

Hersteller:	The Original Eickhorn-Solingen Co. Ltd. (vorm. A. Eickhorn GmbH & Co. für Schneidwaren und Waffen KG)
Modell:	Bajonett G3
Klingenlänge:	169,0 mm
Klingenstärke:	5,0 mm
Klingenstahl:	55Si7
Gesamtlänge:	305,0 mm
Gewicht (mit/ohne Scheide):	510/340 g
Griff:	Kunststoff
Scheide:	Kunststoff
Herstellungsland:	Deutschland
Versorgungsnummer:	k.A.

Bei diesem Captain handelt es sich um einen Offizier des 2nd Battalion „The Poachers," The Royal Anglian Regiment. Seit Sommer 2007 ist das leichte Infanteriebataillon in Deutschland stationiert. Das Bild entstand 2008 in Al-Qurnah, wo ein Zug des Bataillons stationiert war. Der Captain hat das Bajonett seines SA80A2-Sturmgewehrs ohne Scheide in die Gurtbänder an der Vorderseite seiner Schutzweste gesteckt.

BAJONETT SA80

Ein Mysterium der Beschaffungspolitik.

Relativ sorglos geht der abgebildete Soldat mit seinem standardmäßig ausgegebenen SA80-Bajonett um. Mit der Spitze nach unten durch die Schlaufen seiner Weste gesteckt, trägt er das Seitengewehr ohne Scheide. Das passt zu der Einstellung, die viele Soldaten zum SA80-Bajonett haben, und die sich – mit typisch britischem Humor – zusammengefasst so anhört:

Das SA80 ist ein billiges Integral-Bajonett, das aus feinstem Metall besteht – aus geschmolzenen Matchbox-Autos. Garantiert bruchanfälliger als die Knochen deiner 90 Jahre alten Oma. Aufgesteckt auf die Gewehrmündung wird das SA80 so heiß, dass man einen Pott Wasser nur dadurch zum Kochen bringen kann, indem man es kurz eintaucht – vorausgesetzt man hat Asbest-Schutzhandschuhe parat. Die interessanteste Eigenschaft ist die Unfähigkeit, scharf zu bleiben. Eindeutig ein Anzeichen von zu weichem Stahl, doch das hat auch etwas Gutes: Die Kerben, die man sich beim Schneiden von Bindfäden eingefangen hat, lassen sich ganz leicht wieder raushämmern. Das SA80 ist eines der großen Mysterien der Beschaffungspolitik der Britischen Armee. So gelesen auf www.british-army-military.com.

Das SA80-Bajonett passt auf die von der Royal Small Arms Factory gefertigten L85- und L86-Gewehre, die bei den britischen Armeeeinheiten im Einsatz sind und ab 2001 von der Firma Heckler & Koch nachgerüstet und verbessert wurden. Die 17,8 Zentimeter lange Clip-Point-Klinge ist zur Hälfte mit einem äußerst zahmen Wellenschliff versehen. Darüber ist eine beidseitige Hohlkehle angebracht. Die Oberfläche ist sandstrahlmattiert.

Der schwarz lackierte Griff besteht ebenfalls aus Metall und ist fest mit der Klinge verbunden. Ein beidseitiges Parierelement schützt die Greifhand. Sieben umlaufende Rillen sollen ihr den nötigen Halt geben. Das Griffende ist hohl, so dass das SA80-Bajonett einfach auf den Mündungsfeuerdämpfer der Waffe aufgesteckt werden kann. Der federunterstützte Arretierungsknopf sitzt unterhalb des Griffs.

Geliefert wird das Messer in einem Futteral aus Nylon. Es nimmt einen Scheidenkorpus aus glasfaserverstärktem Kunststoff mit Schneideinsatz auf, der in die Aussparung der Klinge passt. Setzt man das SA80 und die Scheide mit angeschraubtem Schneideinsatz zusammen, lässt sich damit Draht kappen. Außerdem verfügt die Scheide über eine ausklappbare Säge sowie eine Diamantschärfplatte.

Der massiv ausgelegte Drahtschneider.

Die integrierte Schärffläche an der Scheide.

DATEN

Hersteller:	–
Modell:	Bajonett SA80
Klingenlänge:	180,0 mm
Klingenstärke:	6,0 mm
Klingenstahl:	Stahl rostfr.
Gesamtlänge:	284,0 mm
Gewicht (mit/ohne Scheide):	780/420 g
Griff:	Stahl, schwarz lackiert
Scheide:	Kunststoff mit Nylonbezug
Herstellungsland:	Großbritannien
Versorgungsnummer:	NSN 8465-99-132-1567

Von Anfang an stellte auch Frankreich einen Teil der ISAF-Truppen. Das französische Einsatzkontingent wuchs von 500 Soldaten im Jahr 2002 auf 3300 Soldaten Anfang 2009. Im März 2002 wurde dieser Angehörige der Besatzung eines Radspähpanzers in den Außenbezirken von Kabul fotografiert. Zu seiner Ausrüstung gehört ein FAMAS-Bajonett.

FAMAS-BAJONETT

Das Bajonett der französischen Streitkräfte.

Eine Klemmfeder hält das Bajonett in der Scheide sicher fest.

Die Scheide kann mit dem U-förmig gebogenen Draht an einem Lochkoppel befestigt werden.

Über Bajonette wird immer wieder heftig diskutiert. Für die einen ist das Seitengewehr im Zeitalter der digitalisierten Kriegsführung schlicht und einfach nicht mehr zeitgemäß. Und auch imagemäßig überzeugt das Bajonett viele Politiker nicht, hat es doch den Ruf, eine brutale Waffe zu sein. So findet man heute in der Bundeswehr keine Bajonette als Teil der Ausrüstung. In anderen Armeen wird die Lage allerdings anders beurteilt. Denn einen Krieg, der nur auf Entfernung ausgetragen wird, gibt es nicht – Infanteristen geraten häufig in gefährliche Situationen, in denen es zum Kampf Mann gegen Mann kommt. Und so statten nicht nur die Amerikaner und die Briten ihre Einsatzkräfte mit Bajonetten aus, sondern auch die Franzosen.

Das hier mit dem Griff nach oben in der Scheide getragene FAMAS-Bajonett (FAMAS ist die Abkürzung für „Fusil d'Assaut Manufacture d'Armes de St. Etienne") passt zum FAMAS-Sturmgewehr, das ebenfalls im Bild zu sehen ist und seit 1977 von den französischen Streitkräften genutzt wird. Aufgrund der kompakten Bauweise und dem großen markanten Tragegriff wird der Rückstoßlader bei den französischen Streitkräften mit dem Spitznamen „Le clairon", also Trompete, bezeichnet. Die bisherigen Sturmgewehre GIAT vom Typ FAMAS werden in modifizierter Form noch einige Jahre die Hauptbewaffnung französischer Soldaten sein.

Das FAMAS-Bajonett ist mit einem durch zwei Schlitzschrauben gehaltenen Kunststoffgriff ausgestattet und wird durch zwei Halterungen mit der Schneide nach oben auf das Sturmgewehr aufgepflanzt. Die schlanke, mittelspitze Klinge ist nur einseitig geschliffen. Über große Teile der Klingenbreite behält das FAMAS-Bajonett die volle Stärke. Ein kurzer Teil des Klingenrückens ist mit einer falschen Schneide versehen. Alle Metallteile sind mit einer Phosphatschicht überzogen.

Eine federgelagerte Wippe, die sich gegen den Mündungsfeuerdämpfer abstützt, hält das Bajonett im Einsatz auf der Waffe. Die Scheide aus glasfaserverstärktem Kunststoff besitzt im Bereich des Scheidenmunds eine Klemmfeder, die das Bajonett fixiert. Befestigt wird die Scheide am Koppel durch einen U-förmig gebogenen Metallclip. Alternativ lässt sich die Scheide auch an einem maximal fünf Zentimeter breiten Gürtel befestigen.

DATEN

Hersteller:	Nemex (ex-Giat Industries)
Modell:	FAMAS-Bajonett
Klingenlänge:	204,0 mm
Klingenstärke:	4,0 mm
Klingenstahl:	Carbonstahl
Gesamtlänge:	327,0 mm
Gewicht (mit/ohne Scheide):	400/300 g
Griff:	Kunststoff
Scheide:	Kunststoff
Herstellungsland:	Frankreich
Versorgungsnummer:	k.A.

Ab April 2004 wurde die Multinational Division Bagdad (MNDB) der Koalitionsstreitkräfte im Irak durch die 1st Cavalry Division aus Fort Hood, Texas geführt. Private First Class Haynes ist einer der Trooper des D Troop, 9th Cavalry Regiment. Im Dezember 2004 gehört der Zug zu den Truppenteilen, die die „Green Zone“ im Zentrum von Bagdad sichern. Auf der Schulterpartie seiner Schutzweste hat er ein Kalaschnikow-Bajonett befestigt.

KALASCHNIKOW BAJONETT M 1974

Erfolgreiches Mehrzweckbajonett sowjetischer Entwickler.

Auch wenn das im Bild getragene Sturmgewehr offensichtlich keine Kalaschnikow AK-74 ist, trägt dieser U.S-Soldat ein speziell für diese Waffe entwickeltes Bajonett, das bei der sowjetischen Armee, den ehemaligen Ostblockstaaten und heute noch bei der russischen Armee im Einsatz ist.

Auch in der Bundeswehr wurde das Kalaschnikow-Bajonett M1974 über mehrere Jahre offiziell „aufgetragen“. 1993 wurden Fallschirmjäger zusammen mit den Kameraden der Panzergrenadiere, der Jäger und der Heeresflugabwehrtruppe mit dem Ostblock-Kampfmesser ausgestattet. Durch die Auflösung der Nationalen Volksarmee der DDR kam die Bundeswehr auch in den Besitz von unzähligen Bajonetten, die im ehemaligen VEB Fahrzeug- und Jagdwaffenwerk Ernst Thälmann in Suhl produziert wurden. Als „Kampfmesser, schwer“ (Versorgungsnummer 1095-12-700-2611) wurde das NVA-Mehrzweck-Seitengewehr M1974 mit Rückensäge und Drahtschneidevorrichtung an der Scheide von der Bundeswehr übernommen. Das M1974-Tragesystem passte zwar weder an den neuen Bundeswehr-Lochkoppel noch an das Mitte der 90er-Jahre eingeführte Sturmgewehr G 36, doch das Bajonett blieb über Jahre Bestandteil der Ausrüstung. Viele Soldaten behalfen sich damit, dass sie das Messer mit Klebeband an der Ausrüstung befestigten, zum Beispiel am Schultergurt des Koppeltragesystems.

Die Griffe der Modellreihe AK74 bestehen aus braunem oder schwarzem Kunststoff. Mit der Drahtschneidevorrichtung an der Spitze der Scheide wird das Messer über den rechteckigen Klingendurchbruch verbunden. Die breite Klinge lässt sich durchaus als Allrounder einsetzen. Zur Spitze hin ist die Schneide sehr bauchig, die gleichbleibende Klingenstärke über große Teile der Klinge (der Anschliff beginnt erst weit unten, fast wie bei einem skandinavischen Messer) erhöht die Stabilität und das „Missbrauchspotenzial“. Die Rückensäge erweist sich zumindest beim Durchtrennen von dünneren Ästen oder Kunststoffteilen als brauchbar. Die Qualität des Klingenstahls gilt allgemein als mittelmäßig bis schlecht. Auch seine Schärfe kann das AK74-Bajonett kaum halten. Permanentes Nachschärfen ist die Folge.

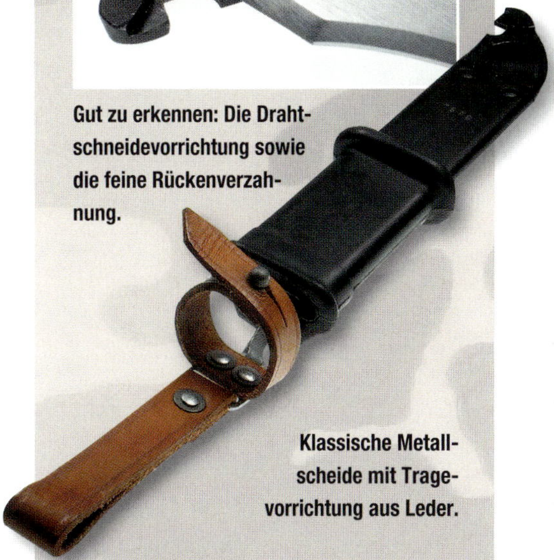

Gut zu erkennen: Die Drahtschneidevorrichtung sowie die feine Rückenverzahnung.

Klassische Metallscheide mit Tragevorrichtung aus Leder.

DATEN

Hersteller:	–
Modell:	Bajonett M 1974
Klingenlänge:	150,0 mm
Klingenstärke:	3,0 mm
Klingenstahl:	Stahl, rostf.
Gesamtlänge:	273,0 mm
Gewicht (mit/ohne Scheide):	520/310 g
Griff:	Kunststoff
Scheide:	Kunststoff
Herstellungsland:	Russland
Versorgungsnummer:	keine (privat beschafft)

Mitte Januar 1996 trafen 1.500 russische Soldaten in Bosnien-Herzegowina ein. Das russische IFOR-Kontingent wurde der U.S.-geführten Multinational Division North (MNDN) unterstellt und operierte im Nordosten des vom Bürgerkrieg geschüttelten Landes. Dieser russische Fallschirmjäger wurde im März 1996 an einem Kontrollposten fotografiert. Bewaffnet ist er mit einem AKS-74 Sturmgewehr im Kaliber 5,45 x 39 mit aufgepflanztem M1989-Bajonett.

KALASCHNIKOW BAJONETT M 1989

Der letzte Entwicklungsstand des sowjetischen Mehrzweckbajonetts.

Im Gegensatz zu den weithin bekannten Kalaschnikow-Mehrzweckbajonetten mit der charakteristischen, schnabelförmigen Klingenspitze ist dieses Bajonett bei russischen Soldaten eher selten zu sehen. Dieses Modell tauchte erstmals Mitte der 80er Jahre in Afghanistan auf, wo es von sowjetischen Truppen genutzt wurde. Die Bajonette dieses Typs tragen die Bezeichnungen M 1989 oder „6 x 5". Obwohl die zum Kalaschnikow-System gehörenden Seitengewehre von den lizenznehmenden Staaten meist mit kopiert werden, hat sich bislang nur Bulgarien zur Reproduktion dieses Bajonetts entschieden.

Der Griff des M 1989 besteht aus schwarzem Kunststoff, der zur Verbesserung der Handlage und des Rutschwiderstands mit einer strukturierten Oberfläche versehen wurde und gleichzeitig drei schräg umlaufende Wülste besitzt. Ebenso wie die anderen Kalaschnikow-Modelle ist auch diese Ausführung mit einem Drahtschneider ausgestattet.

Die schlanke, geradlinig verlaufende Klinge mit der dolchförmigen Spitze lässt sich neben der reinen Waffennutzung auch bedingt als Mehrzweckmesser einsetzen. Im Vergleich zu den alten Kalaschnikow-Bajonetten hat man den Einsatzwert des M 1989 durch die Klingenform etwas geschmälert. Die Rückensäge mit 44 Zähnen erweist sich zumindest beim Durchtrennen von dünneren Ästen, Kunststoffteilen oder Blech als brauchbar. Ob sich die Qualität des Klingenstahls gegenüber den alten Modellen verbessert hat, ist nicht bekannt. Zumindest geht den M 1959- und M 1974-Modellen der Ruf voraus, dass der verwendete Klingenstahl ziemlich mittelprächtig ist.

Die Scheide des M 1989 entspricht in ihrer Form und Gestaltung der Version M 1974 und ist eine Kombination aus Metall und thermoplastischem Kunststoff. Um die Scheide relativ schnell und einfach in Verbindung mit dem Bajonett als Drahtschneider einsetzen zu können, ist die Tragevorrichtung mit einem Karabinerhaken versehen. Der ambitionierte Sammler militärischer Blankwaffen wird es schwer haben, an ein originales M 1989 zu kommen, denn die russischen Ministerien tun sich ausgesprochen schwer mit Exportlizenzen für dieses Bajonett.

Dieser russische Fallschirmjäger hat sich bei seinem M 1989 für das Tragen mit dem Griff nach oben entschieden.

DATEN

Hersteller:	IschMasch
Modell:	M 1989 („6x5")
Klingenlänge:	160,0 mm
Klingenstärke:	3,5 mm
Klingenstahl:	Stahl, rostfr.
Gesamtlänge:	285,0 mm
Gewicht (mit/ohne Scheide):	–/– g
Griff:	Kunststoff
Scheide:	Kunststoff
Herstellungsland:	Russland
Versorgungsnummer:	–

Dezember 2003, Bagdad. Nach den ersten Attentaten, bei denen Zivilisten getötet wurden, kommt es zu Demonstrationen gegen die Gewalt. U.S.-Truppen und irakische Polizisten begleiten die Demonstrationen. Unter ihnen ist auch Staff Sergeant Strickland, ein Soldat der 1st Armored Division „Old Ironsides“. Zu seiner Bewaffnung gehört ein M9-Bajonett.

LAN-CAY BAJONETT M9

Eine Aufgabe, viele Lösungen oder die wechselvolle Geschichte des M9-Bajonetts.

Lan-Cay war nicht die erste Firma, die das M9 produzierte. Das erste M9-Modell, das das M7-Bajonett ersetzte, entstand auf Grundlage des Buckmaster 184. Dieses wurde vom amerikanischen Hersteller Buck zum Modell Buckmaster 188 weiterentwickelt und für die kalifornische Firma Phrobis hergestellt. Als der Auftrag für das M9-Bajonett 1992 neu ausgeschrieben wurde, unterbot Lan-Cay jedoch Buck-Phrobis und sicherte sich die erste Bestellung über zunächst 30.500 Bajonette, weitere 20.000 folgten. Seit dem ist Lan-Cay der größte Produzent des M9-Bajonetts, aber auch Ontario konnte sich zwischenzeitlich Aufträge sichern.

Die Gesamtlänge des M9-Bajonetts beträgt 30 Zentimeter, die Klingenlänge liegt bei knapp unter 17 Zentimetern (über einen Zentimeter mehr als bei den Vorgängern M6 und M7). Das Parierelement besteht aus Stahl. Für die Klinge kommt stark rostträger, modifizierter 420er-Stahl zum Einsatz, der etwa einem 1.4034 entspricht. Die beinahe sechs Millimeter starke Klinge ist mit einer schwarzen Oxidbeschichtung versehen. Über die Hälfte des Klingenrückens ist ein Sägeschliff angebracht, mit dem sich nicht nur Holz, sondern auch Verbundglas zerteilen lässt. Zusammen mit der Scheide, die am unteren Ende eine verschraubte Klingenaufhängung/Schneidplatte besitzt, kann das Lan-Cay M9 auch als Drahtschneider für gehärteten Stacheldraht eingesetzt werden.

Die thermoplastische Kunststoffscheide hat im Inneren eine Metallfederklammer zur Fixierung des Bajonetts, ein Gewebeband mit Druckknopfverschluss sichert das Messer zusätzlich. Die Scheide kann auf verschiedene Weisen am Gürtel und an der Ausrüstung befestigt werden. Mit einem Schnappverschluss aus Kunststoff kann sie auch an angelegter Ausrüstung befestigt und abgenommen werden.

Das M9 passt für die Sturmgewehre der M16- und M4-Serie und ebenfalls an die Repetierflinte Mossberg 590, die auch bei Polizei- und Militärkräften im Einsatz ist und den Spitznamen „Persuader" (Überzeuger) trägt. Auch die australischen Streitkräfte haben das M9-Bajonett für ihre Version des Steyr-AUG-Sturmgewehrs eingeführt. Lan-Cay produziert eine Variante M9-LW. Zur Verringerung des Gewichts ist hier die Klinge mit sechs runden Durchbrüchen versehen, das Parierelement besteht aus Aluminium. Beide Modelle werden von Lan-Cay in verschiedenen Farben gefertigt.

Die M9-Scheide verfügt auf der Rückseite über einen Schleifstein.

Typenbezeichnung und Herstellername sind tief in die Klinge eingeprägt.

DATEN

Hersteller:	Lan-Cay Inc.
Modell:	Bajonett M9
Klingenlänge:	183,0 mm
Klingenstärke:	6,0 mm
Klingenstahl:	420HC
Gesamtlänge:	313,0 mm
Gewicht (mit/ohne Scheide):	625/425 g
Griff:	Kunststoff
Scheide:	Kunststoff
Alternativen:	M9-LW
Herstellungsland:	USA
Versorgungsnummer:	NSN 1095-01-227-1739

Zwischen Februar und Dezember 2002 stellte Österreich ein 70 Soldaten starkes Truppenkontingent an die NATO-geführte International Security Assistance Force (ISAF) in Afghanistan ab. Stationiert war das Kontingent im Camp Warehouse in Kabul. Zu den Aufträgen der österreichischen Soldaten gehörte unter anderem die Sicherung des Camps gegen Angriffe. Im März 2002 gehörte dieser österreichische Fallschirmjäger zur Besatzung eines Wachturms. Er ist mit einem Sturmgewehr 77 im Kaliber 5,56 mm und einem Ontario M7-Bajonett bewaffnet.

ONTARIO BAJONETT US-M7

Ein Klassiker der militärischen Blankwaffengeschichte.

Das M7 wurde ursprünglich für das Colt-Sturmgewehr M16 entwickelt. Es begleitete die amerikanischen G.I.s bereits während des Vietnam-Kriegs. Das ursprüngliche M7 (das nicht nur in Deutschland von Eickhorn in Solingen, sondern auch in den USA, Singapur, Südkorea und auf den Philippinen gefertigt wurde) löste 1964 das Vorgängermodell M6 ab. Das Design wurde weitgehend beibehalten, da das M7, wie schon das M6, gleichzeitig als Kampfmesser diente. Die im Bild links gezeigte Version wird nahezu unverändert von der amerikanischen Firma Ontario produziert. Nur die alte M8A1-Scheide mit Drahtbügel, die hier zu sehen ist, wurde zwischenzeitlich durch eine modernere Ausführung ersetzt.

Die mittelspitze Klinge ist aus nicht rostfreiem 1095-Kohlenstoffstahl gefertigt und besitzt zum Schutz vor Rost und Lichtreflexionen eine schwarze Zinkphosphat-Beschichtung. Auch starke seitliche Biegebelastungen übersteht die 16,9 Zentimeter lange und fünf Millimeter starke Klinge ohne zu brechen. Die vordere Hälfte des Klingenrückens ist geschliffen. Zum Durchtrennen von Stacheldraht ist dieses Bajonett nicht geeignet. Die Klingenform beruht auf dem berühmten M3-Kampfmesser der amerikanischen Streitkräfte im Zweiten Weltkrieg.

Der knapp 13 Zentimeter lange, voluminöse Kunststoffgriff, dessen Umfang zur Mitte hin zunimmt, ist beinahe auf ganzer Fläche mit einem griffigen Rautenmuster versehen. Dieses Muster sorgt dafür, dass das Bajonett auch mit nassen Händen noch sicher geführt werden kann. Der ebenfalls Zinkphosphat-beschichte Stahlhandschutz sitzt nicht nur spielfrei auf dem Mündungsfeuerdämpfer, sondern verhindert auch ein Abgleiten der Hand auf die Klinge.

Das M7 passt für die Sturmgewehre der Baureihen Colt M16, M4, Diemaco C7, C8, Steyr AUG, IMI Galil AR, ARM, SAR, Beretta AR70/90 sowie FN FNC. Ein Klassiker, der selbst im 21. Jahrhundert noch lange Zeit seinen Dienst versehen wird, auch wenn die meisten Armeen dazu übergegangen sind, ihre Soldaten mit Mehrzweckblankwaffen auszustatten, die Werkzeug und Waffe zugleich sind.

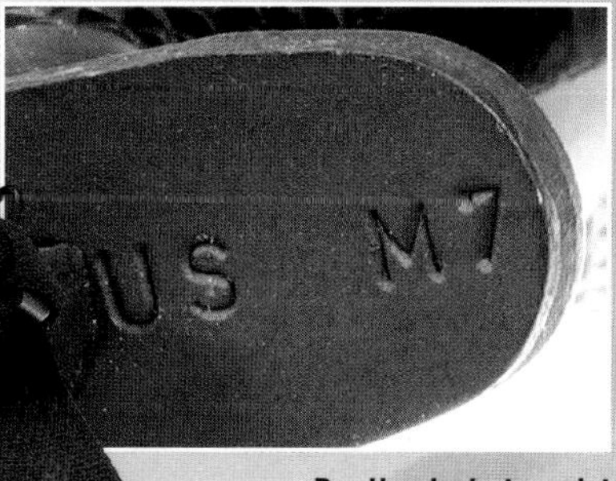

Der Handschutz weist eine Typenstempelung auf.

Die Scheide ist ein Relikt aus den Zeiten des Zweiten Weltkriegs.

DATEN

Hersteller:	Ontario Knife Company
Modell:	Bajonett M7
Klingenlänge:	173,0 mm
Klingenstärke:	5,0 mm
Klingenstahl:	1095
Gesamtlänge:	303,0 mm
Gewicht (mit/ohne Scheide):	440/300 g
Griff:	Kunststoff
Scheide:	Kunststoff
Herstellungsland:	USA
Versorgungsnummer:	NSN 1095-00-017-9701

Am 25. Dezember 2007 bereitet Lance Corporal Deforest irgendwo in der Wüste im Westirak mit seinem OKC-3S-Bajonett einen Truthahn für den Grill vor. Kurz zuvor hatten seine Kameraden den Vogel bei Beduinen gegen ein paar Rationen Meal Ready to Eat (MRE) und ein paar Flaschen Trinkwasser eingetauscht.

ONTARIO OKC 3S MARINE CORPS BAJONETT

Marines-Bajonett mit besonderen Nehmerqualitäten.

Die Marines haben in den letzten 20 Jahren zahlreiche Bajonette ausprobiert. 1991 wurden 5000 Stück M9 MPBS gekauft. 2001 wurde offiziell das von A. Eickhorn in Solingen gefertigte Bajonett 2000 eingeführt. Dieses wurde nur leicht modifiziert, unter anderem wurde das USMC-E/G/A-Emblem (Eagle/Globe/Anchor) auf die Klinge graviert. Interessant ist, dass keine Ausschreibung stattgefunden hatte, da man in den USA der Überzeugung war, dass nur Eickhorn die erforderliche Menge in der gewünschten Zeit liefern konnte. Das rief jedoch Empörung bei einigen amerikanischen Konkurrenten hervor, und der Vertrag wurde schließlich aufgehoben.

Es gab eine neue Testrunde, bei der sich 17 Hersteller mit unterschiedlichen Designs bewarben. Diese wurden durch Ausbilder des Marine Corps Martial Arts Center of Excellence getestet. Letztendlich konnte sich die Ontario Knife Company mit ihrem „Pattern 3" mit Wellenschliffklinge (OKC3S) durchsetzen. Die erste Lieferung erfolgte am 13. Dezember 2002. Bis Mitte 2004 wurden annähernd 100.000 Stück an die Marines geliefert.

Das OKC 3S erinnert von der Klingen- und Griffform her stark an das USMC-Kampfmesser. Die Bowieklinge ist 20,3 Zentimeter lang, die Hauptschneide ist auf den hinteren fünf Zentimetern mit einem Wellenschliff versehen. Die ersten neun Zentimeter des Klingenrückens sind geschärft. Die Klingenbreite liegt bei bis zu 3,5 Zentimetern, die Stärke bei gut fünf Millimetern. Handschutz und Abschlussknauf entsprechen dem M7-Bajonett.

Als Klingenmaterial kommt ein nicht näher spezifizierter Kohlenstoffstahl zum Einsatz, der selektiv gehärtet (zwischen 53 und 58 Grad Rockwell C) und mit einer Zinkphosphatbeschichtung versehen wird. Die Klinge ist auf beiden Seiten markiert: die untere Seite mit COMBAT U.S.M.C., die obere mit OKC 3S ONTARIO KNIFE CO. Auch die Griffseiten sind auf beiden Seiten gekennzeichnet: mit dem USMC-Schriftzug und dem Eagle-Globe-Anchor-Motiv. Der 13,3 Zentimeter lange Griff besteht aus Dynaflex-Kunststoffmaterial in der Farbe Coyotebraun. Auch die Scheide aus thermoplastischem Kunststoff ist in diesem Braunton gehalten. Das Bajonett wird dreifach fixiert: durch eine Feder am Scheidenmund und zwei Riemen, die über das Parierelement und den Griff laufen. Auf der Rückseite befindet sich ein keramikbeschichteter Aluminium-Schärfer. Zahlreiche Befestigungsriemen- und schlaufen erlauben die Fixierung des Bajonetts an der Kleidung und Ausrüstung (auch M.O.L.L.E.).

Unterhalb des Gurtbands an der Scheide befindet sich der Schleifstein.

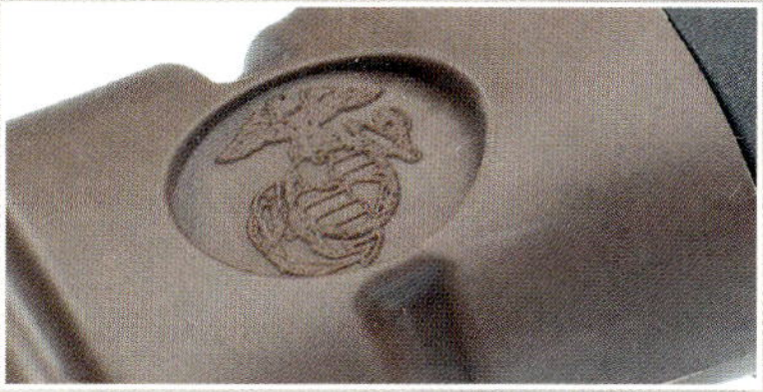

Das USMC-Symbol wurde in den Griff eingelassen.

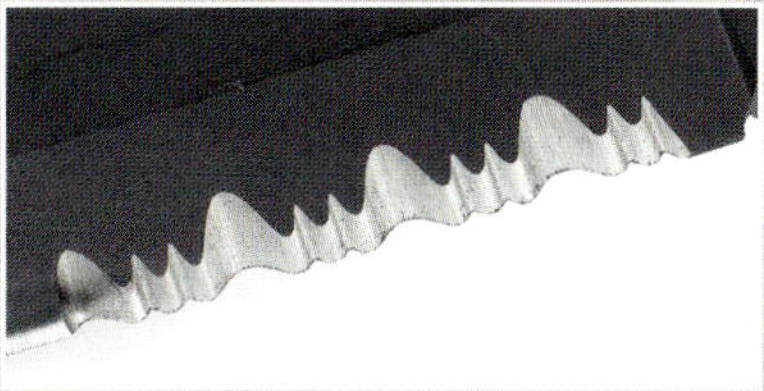

Der partielle Wellenschliff dient zum Zerschneiden von faserigen Materialien.

DATEN

Hersteller:	Ontario Knife Company
Modell:	OKC 3S Marine Corps Bajonett
Klingenlänge:	203,0 mm
Klingenstärke:	5,0 mm
Klingenstahl:	Carbonstahl
Gesamtlänge:	335,0 mm
Gewicht (mit/ohne Scheide):	600/380 g
Griff:	Dynaflex-Kunststoff
Scheide:	Thermoplastischer Kunststoff
Herstellungsland:	USA
Versorgungsnummer:	NSN 1095-01-596-3424

Afghanistan 2006: Ein DMR-Schütze der 10th Mountain Division mit M21/14-Scharfschützengewehr im Kaliber 7,62 x 51 hält in der Wüste bei Kandahar Ausschau nach feindlichen Taliban-Kämpfern. Rechts neben ihm liegt ein Gerber MP600 Multifunktionswerkzeug. *Foto: Sören Sünkler*

WERKZEUGE

Leider gibt es zu dem Bild keine genauen Angaben. Vom Hersteller erfahren wir, dass das Bild Sergeant First Class White (rechts im Bild) zeigt, der nachweislich mit seinem VTAC einen Kameraden im Nahkampf retten konnte.
Fotos: American Tomahawk Company

AMERICAN TOMAHAWK COMPANY VTAC

Auf den Spuren von Rogers Rangern.

Es ist erstaunlich, dass trotz moderner Kriegsführung mit lasergesteuerten Bomben und unbemannten Drohnen, die auf den Punkt genau Terroristen mit Hellfire-Raketen beschießen, archaische Waffen wie Äxte und Messer immer noch ihre Berechtigung auf dem Schlachtfeld haben. Und genau so sieht es die American Tomahawk Company, die 1966 von Peter LaGana gegründet wurde. Sein legendärer Tomahawk-Entwurf für Soldaten in Vietnam, von dem mehr als 4000 Stück nach Südostasien gingen, wurde von dem neuen Geschäftsführer Andy Prisco vor Jahren wieder aufgelegt.

Das Modell VTAC ist wie das Vietnam-Original mit einem Axtkopf aus geschmiedetem 1060-Kohlenstoffstahl ausgestattet, der mit enormer Presskraft im Gesenk heiß geformt wird. Die dabei erreichte Belastbarkeit des Axtkopfes ist überdurchschnittlich hoch. Um den Kopf vor Korrosion zu schützen, wird die gesamte Oberfläche mit einer abriebfesten Pulver-Epoxyd-Schicht versehen. Nach dem Beschichten werden von Hand die Schneiden nochmals herausgearbeitet, um dem VTAC auch die nötige Schärfe zu geben.

Der Stiel ist laut Hersteller aus ST-Kunststoff hergestellt. ST steht für „Super Tough" und dürfte einen glasfaserverstärkten Kunststoff bezeichnen. Die Oberfläche des oval geformten Stiels ist mit einer rutschfesten Struktur versehen, wie man sie von Sicherheitsbodenblechen her kennt. Am Ende des Stiels befindet sich noch eine Öse zur Befestigung einer Sicherungsfangschnur.

Das Holster ist fallschirmsprungtauglich und gestattet vielfältige Tragemöglichkeiten einschließlich der Befestigung an M.O.L.L.E.-Westen. Zwei große und mit Handschuhen bedienbare Kunststoffschnallen sichern das VTAC optimal im Holster. Andy Prisco hat letztendlich das geschafft, was sich der Erfinder der Peter LaGana immer gewünscht hat: Der VTAC-Tomahawk wurde auch offiziell von den U.S.-Streitkräften beschafft und mit einer NATO-Versorgungsnummer versehen.

Der VTAC-Tomahawk überzeugt durch seine massive Bauweise.

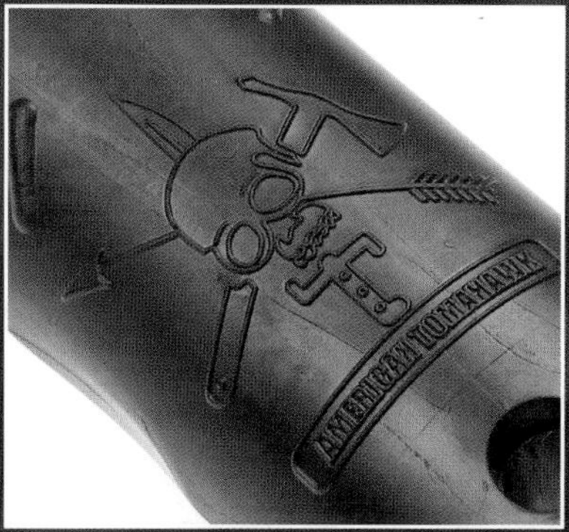

Das Firmenlogo von ATC findet sich beim VTAC am Griffende.

DATEN

Hersteller:	American Tomahawk Company, Inc.
Modell:	VTAC
Klingenstahl:	1060
Gesamtlänge:	349,0 mm
Gewicht (mit/ohne Scheide):	660/560 g
Griff:	thermoplastischer Kunststoff SP (Super Tough)
Scheide:	Cordura
Herstellungsland:	USA
Versorgungsnummer:	NSN 4210-01-518-7244

Viele U.S.-Soldaten führen neben Kampfmessern und Werkzeugmessern im Einsatz auch noch einfache Riemenschneider mit, damit sie sich im Notfall aus Sicherheitsgurten freischneiden können. First Sergeant O'Connor der B Company hat sich für einen Rescue Hook von Benchmade entschieden.

BENCHMADE MODELL 7 RESCUE HOOK

Spezialisiertes Notfallwerkzeug zum Durchtrennen von Ausrüstung, Kleidung und Stiefeln.

Es gibt Situationen, in denen es darauf ankommt, einen Verletzten so schnell wie möglich von Gurten, der Einsatzweste, Gürtel und Hose sowie Stiefeln zu befreien – und zwar ohne ihn durch eine scharfe Klinge zu gefährden. Für diese Fälle wurde der Rescue Hook entwickelt.

Im Vergleich zu anderen, ähnlich geformten Rettungstools, die häufig mit Rasierklingen-ähnlichen Einsätzen ausgestattet sind, besteht das Modell 7 aus einem einzigen Stück Stahl: Der 440C wird auf 58 HRCgehärtet. Insgesamt ist der Rettungshaken 10,9 Zentimeter lang. Der ergonomisch geformte Griff ist mit Vinylkunststoff bezogen, was die Griffsicherheit deutlich erhöht. Auch mit Handschuhen liegt er gut in der Hand. Der 2,9 Millimeter starke Rücken ist bis kurz vor dem abgerundeten Ende mit tiefen Riffelungen versehen, um den Fingern eine sichere Auflage zu bieten. Das Ende der „Klinge" ist abgerundet, und die scharfe Schneide ist stark zurückgesetzt, so dass man den Rettungshaken zwischen Haut und Kleidung ansetzen und gefahrlos benutzen kann.

Wie man einen verletzten Soldaten in nur 15 Sekunden von seiner Einsatzweste, dem Gürtel und einem Hosenbein befreit, wird auf der Webseite www.7hook.com demonstriert. Fürs Durchtrennen der Stiefelschlaufen und der Stiefelseite vom Schaft bis zu den Zehen benötigt man ebenfalls weniger als 20 Sekunden. Das Modell 7 ist als Ergänzung zu einem Einsatzmesser zu sehen, denn bei dickeren Leinen oder anderem Material kommt der Rettungshaken schnell an seine Grenzen.

Zur hohen Funktionalität trägt auch die Nylonscheide bei, die M.O.L.L.E.-kompatibel ist, aber auch am Gürtel und anderen Ausrüstungsgegenständen befestigt werden kann. In der Scheide ist das Modell 7 durch eine Lasche mit Klettverschluss gesichert, die mit einer extra-großen Öffnungshilfe versehen ist. Inzwischen gibt es noch drei weitere Modelle in der „Rescue Hook"-Familie: den kleineren 5 Hook, den längeren 8 Hook und das klappbare Houdini-Pro-Rettungswerkzeug mit zusätzlicher LED-Leuchte und Glasbrecher.

Die NATO-Versorgungsnummer steht unterhalb des Firmennamens.

Der Rescue Hook lässt sich auch problemlos mit Handschuhen greifen.

DATEN

Hersteller:	Benchmade Knife Company, Inc.
Modell:	Model 7 Rescue Hook
Klingenlänge:	13,0 mm
Klingenstärke:	2,9 mm
Klingenstahl:	440C
Gesamtlänge:	109,0 mm
Gewicht (mit/ohne Scheide):	80/45 g
Griff:	Vinyl-Kunststoff
Scheide:	Nylon
Alternativen:	5 Hook, 8 Hook, Houdini-Pro
Herstellungsland:	USA
Versorgungsnummer:	NSN 4240-01-543-9618

Als Meals-Ready-to-Eat oder kurz MRE werden die Einsatzrationen der U.S.-Soldaten bezeichnet. Ein Tagesrations-MRE besteht aus drei Einzelrationen. Gerade öffnet dieser Soldat der 1st Infantry Division „Big Red 1“ den Beutel mit dem Hauptgericht seines MRE mit seinem Gerber 600 Tool.

GERBER MULTI-PLIER 600 NEEDLENOSE

Altgedientes Tool mit kleinen Mängeln.

Auch Gerber ist schon lange im Geschäft. Gegründet wurde die Firma, die Klassiker wie das Mark II oder die Gerber-Gator-Messer auf den Markt brachte, 1939 in Portland, Oregon. Inzwischen gehört Gerber jedoch dem finnischen Fiskars-Konzern. Mulitools hat Gerber schon seit vielen Jahren im Programm, darunter das Multi-Plier 600 (hier mit spitzem Zangenkopf), das inzwischen ein echter Tool-Klassiker ist.

Das besondere am MP 600 ist, dass der Zangenkopf einhändig in Einsatzposition gebracht werden kann. Dazu drückt man den Verriegelungsbolzen nach innen, und der Zangenkopf lässt sich aus den Griffhälften herausschleudern – oder schieben, wenn man es gemütlicher mag. So innovativ das auch war, ist das Tool doch nicht optimal: Konstruktionsbedingt steht der Zangenkopf nicht felsenfest, sondern hat etwas Spiel. Zudem können die Zangenschenkel erst dann geöffnet werden, wenn der Zangenkopf ausgefahren ist. Da jedoch alle Werkzeugklingen erst bei auseinander geklappten Griffhälften zugänglich sind, muss man immer erst die Zange ausfahren.

Ausgestattet ist das Tool mit zwei Klingen: einer Drop-Point und einer wellengeschliffenen Sheepsfoot-Klinge. Darüber hinaus gibt es drei Flachschlitzschraubendreher (einer davon mit Kapselheber), einen Kreuzschlitzschraubendreher, eine Ahle, eine Feile, eine Säge, einen Dosenöffner sowie eine Öse zur Fangriemenbefestigung. Alle Klingen arretieren im geöffneten Zustand.

Das Tool kann durch einen Bitsatz erweitert werden. Neben verschiedenen Bits enthält es eine Bitverlängerung, die auf den Kreuzschlitzschraubendreher aufgesteckt wird. Eine sinnvolle Ergänzung. Mit ausgefahrenem Zangenkopf misst das Tool 16,8 Zentimeter. Es wiegt knapp unter 230 Gramm. Geliefert wird es in einem Nylon-Gürteletui. Das Tool ist übrigens Bestandteil der bestückten USAF-Survivalweste, die an die U.S.-Piloten ausgeliefert wird.

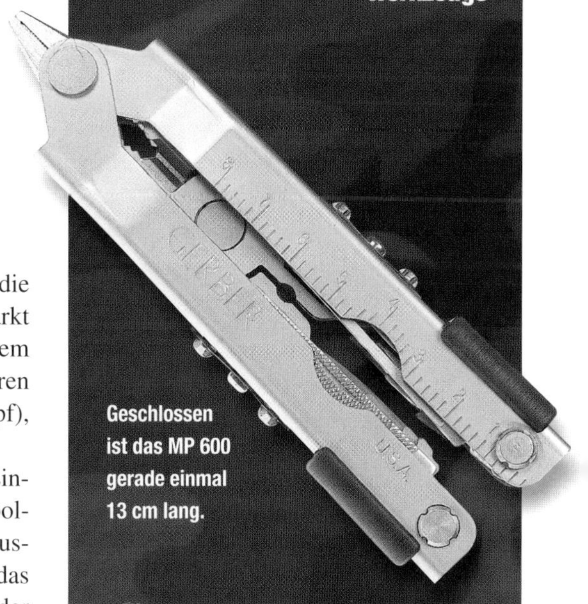

Geschlossen ist das MP 600 gerade einmal 13 cm lang.

Zum Lieferumfang gehört ein klassisches Cordura-Holster.

DATEN

Hersteller:	Gerber Legendary Blades
Modell:	Multi-Plier 600
Klingenlänge (Wellenschliffklinge):	65,0 mm
Klingenstärke:	2,0 mm
Klingenstahl:	–
Gesamtlänge:	130,0/168,0 mm
Gewicht (mit/ohne Scheide):	240/230 g
Griff:	Stahl
Scheide:	Nylon
Alternativen:	Bluntnose-Zange
Herstellungsland:	USA
Versorgungsnummer:	NSN 5110-01-394-6249

Januar 2008: Soldaten des 4th Battalion, 9th Infantry Regiment des 4th Stryker Brigade Combat Team der 2nd Infantry Division patrouillieren entlang des Diyala-Flusses im Nordwesten von Baqubah. Bei diesem Soldaten handelt es sich um einen MG-Schützen, bewaffnet ist er mit einem leichten Maschinengewehr M249 SAW im Kaliber 5,56 mm. An der Seite seiner ballistischen Schutzweste führt er ein Leatherman Charge TTi.

LEATHERMAN CHARGE TTI

Das Tool vom Profi Tim Leatherman.

Die Titan-Griffschalen verleihen dem TTi eine höhere Wertigkeit.

An den Tools der Firma Leatherman führt kein Weg vorbei. Seit vielen Jahren liefert Leatherman ganz offiziell an die Streitkräfte der U.S.-Armee und vieler weiterer Nationen. Verschiedene Ausführungen sind deshalb mit NATO-Versorgungsnummern versehen.

Das Modell Charge TTi gehört zu den anspruchsvollen Versionen der Charge-Reihe. Die innenliegenden Werkzeuge lassen sich einzeln ausklappen und werden durch leichte, ergonomisch geformte Titan-Griffschalen geschützt. Viele Jahre war dies eine Schwachstelle der Leatherman PST- und Supertool-Modelle, deren Kanten beim kräftigen Zupacken unangenehm in die Handinnenflächen drückten. Um den Anwender während des Gebrauchs zu schützen, wurde die Arretierung gegenüber den älteren Leatherman-Tools zusätzlich verstärkt.

Die beiden Klingen aus hochwertigem, pulvermetallurgischem S30V-Stahl verfügen über eine wesentlich höhere Schnitthaltigkeit als Klingen aus herkömmlichem 420er Stahl, der vorwiegend bei Leatherman Verwendung fand. Bei den außenliegenden Klingen sorgen Unterlegscheiben für ein weiches und einfaches Öffnen. Die Wellenschliff-Klinge verfügt zusätzlich über einen Schneidhaken an der Spitze.

Die Einsatzmöglichkeiten des Tools sind fast unbegrenzt. Zum Ausstattungspaket gehören Spitzzange, Drahtschneider, Hartdrahtschneider, Holzsäge, Schere, Holz-/Metallfeile, Diamant-beschichtete Feile, großer Bitadapter, großer Schraubendreher, kleiner Bitadapter, acht doppelseitige Bits (mit je vier Sechskant-, zwei Vierkant-, einem Schlitz-, einem Torx-, zwei Kreuzschlitz- und kleinem Kreuzschlitz- und Uhrenmacher-Schraubendreher), Lineal (Zoll/ cm), Dosenöffner/Kapselheber sowie Abisolierklinge. Da bleibt im Einsatz kein Wunsch offen.

Standardmäßig kommt das Charge TTi mit einem Cordura/Lederholster, das auch eine geöffnete Trageweise des Tools gestattet. Um das Leatherman Charge TTi auch an M.O.L.L.E.-Tragesystemen befestigen zu können, bietet der Hersteller optional ein Spezialholster an.

Das Holster kann problemlos an M.O.L.L.E.-Systemen befestigt werden.

DATEN

Hersteller:	Leatherman Tool Group, Inc.
Modell:	Charge TTi
Klingenlänge (Hauptklinge):	75,0 mm
Klingenstärke:	2,0 mm
Klingenstahl:	S30V
Gesamtlänge:	158,0/102,0 mm
Gewicht (mit/ohne Scheide):	280/234 g
Griff:	Stahl/Titan
Scheide:	Cordura/Leder
Herstellungsland:	USA
Versorgungsnummer:	keine (privat beschafft)

Angehörige der 1st 4th Marines mit dem Modell Eagle Talon in Fallujah. Laut Hersteller nutzte ein Lt. Col. des U.S. Marine Corps seine Axt beim Durchsuchen von Häusern. *Foto: RMJ Tactical*

RMJ TACTICAL KESTREL

Axt mit besonderem Aufgabenprofil.

Messerschmied Ryan Johnson gehört schon seit Jahren zur amerikanischen Messermacherszene. Sein Spezialgebiet sind Äxte. Im Jahr 2001 machte Johnson auf der Blade Show in Atlanta Bekanntschaft mit einigen Angehörigen der U.S. Special Forces, die ihn mit einer außergewöhnlichen Idee vertraut machten: Man wollte eine Axt im Stil eines frühen amerikanischen Tomahawks haben, die in der Lage ist, einen Kevlar-Gefechtshelm zu durchschlagen. Johnson nahm die Herausforderung an und entwarf das Modell Eagle Talon, das mit einem langen Stiel ausgestattet ist, um die Schwungkraft zu erhöhen und die Eindringtiefe des Axtkopfes zu erhöhen. Eine knapp acht Zentimeter lange Klinge, die auf der Rückseite des Axtkopfes angeschliffen ist, übernimmt die Aufgabe des Helmbrechers. Um die Eindringtiefe nochmals zu erhöhen, wurde die Klinge dolchähnlich von vier Seiten angeschliffen, wobei die Schneiden nicht scharf sind.

Um die Axt im Einsatz noch führiger zu machen, entwickelte Johnson eine kompakte Version mit dem Namen Kestrel. Das Kestrel ist mit einem 33,5 Zentimeter langen Axtstiel ausgestattet. Die gesamte Axtkonstruktion ist aus einem Stück 4041 Stahl gefertigt und besitzt über die gesamte Länge eine Stärke von neun Millimetern. Alle Kanten sind von Hand gebrochen, die Schneiden sind per Hand geschliffen. Um die Axt noch belastbarer zu machen, wird die Axt selektiv gehärtet. Zum Schutz vor Korrosion ist die Kestrel-Axt mit einer dunkelgrauen Mil-Spec-Phosphatierung versehen. Sie braucht trotzdem regelmäßig Pflege mit etwas Öl.

Als Griffbeschalung ist sowohl eine Wicklung mit 550er Paracord als auch strukturierte Micarta-Schalen verfügbar. Beide Varianten greifen sich ausgesprochen gut und geben im Einsatz den benötigten Halt. Die Scheide ist aus Kydex geformt und erlaubt das zugriffsbereite Tragen der Axt. Zwei Nylonbänder sichern die Axt zusätzlich bei Fallschirmsprüngen oder beim Abseilen.

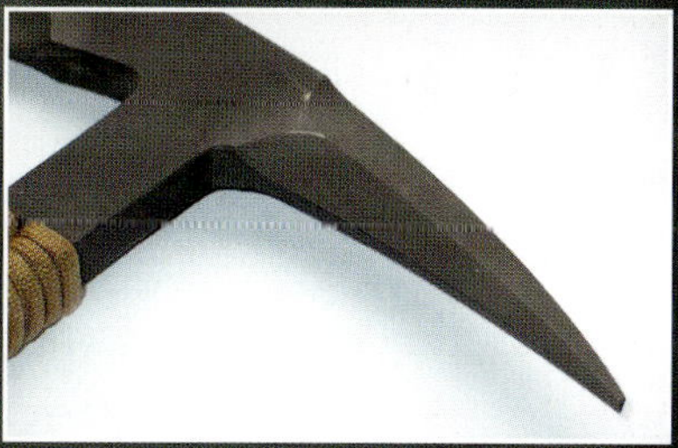

Die Spitze des Axtkopfs ist in der Lage, Kevlar-Helme zu durchschlagen.

Die Kydex-Scheide des Kestrel.

DATEN

Hersteller:	RMJ Tactical
Modell:	Kestrel
Klingenstahl:	4041
Gesamtlänge:	335,0 mm
Gewicht (mit/ohne Scheide):	780/560 g
Griff:	Stahl mit 550er Paracord-Wicklung
Scheide:	Kydex
Herstellungsland:	USA
Versorgungsnummer:	keine (privat beschafft)

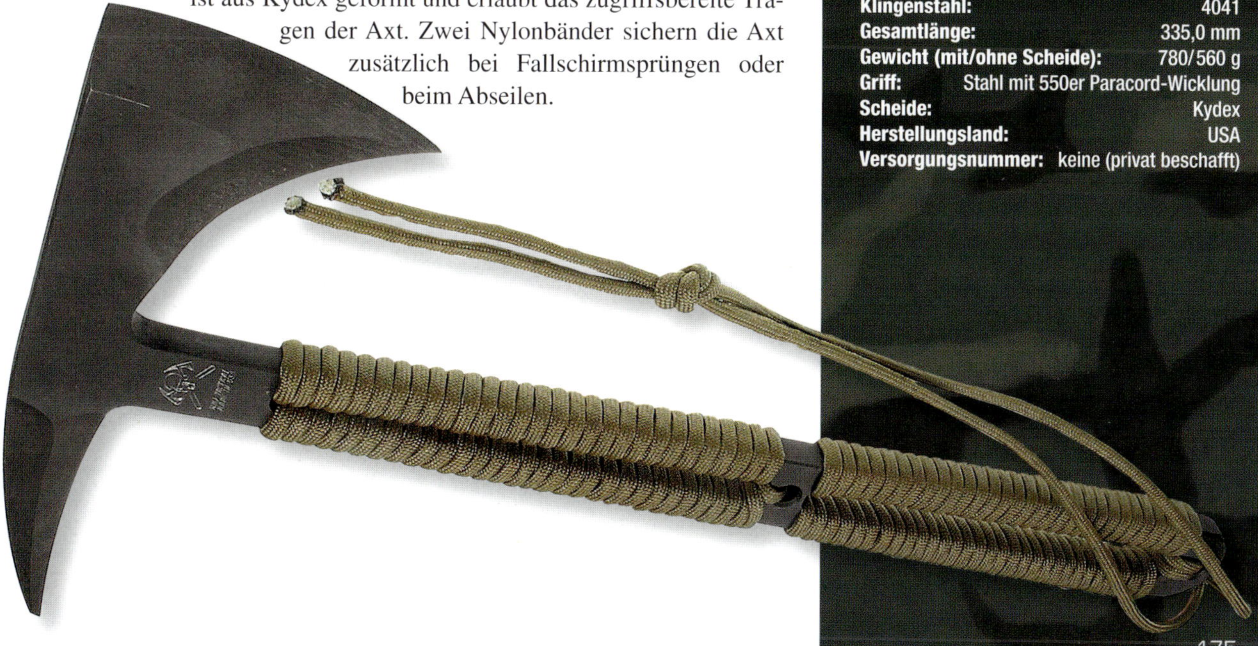

Leider gibt es zu diesem von RMJ Tactical zur Verfügung gestellten Bild keine näheren Angaben. Offenbar handelt es sich um einen sehr zufriedenen Kunden, der aus seinem gepanzerten Fahrzeug heraus eine Grußbotschaft an RMJ Tactical hochhält.
Foto rechts: Deutlich ist zu erkennen, dass bei einem Schmiedevorgang zwei Äxte entstehen.

Fotos: RMJ Tactical

RMJ TACTICAL SHRIKE

Geschmiedete Kampfaxt für höchste Belastungen.

Nach der sehr erfolgreichen Einführung der Axt-Modelle Eagle Talon und Kestrel wollte Firmengründer Ryan Johnson die Herstellung seiner Kampfäxte nochmals optimieren. Das Ergebnis ist das Modell Shrike, das nicht per Laser aus dem vollen Material ausgeschnitten, sondern im Gesenk geschmiedet wird. Immer zwei Äxte kommen bei einem Schmiedevorgang zustande. Nach dem Abkühlen des Schmiederohlings wird das überschüssige Material abgetrennt und die Rohlinge von Hand weiterbearbeitet.

Wie bei seinen anderen Modellen vertraut Johnson auf 4140-Chrom-Molybdän-Stahl, der im Bereich des Stiels eine niedrige Rockwell-Härte von rund 30 HRC aufweist und im Bereich der Schneiden auf 55 HRC kommt. Die Oberfläche wird mit einer Mil Spec-Phosphatierung versehen.

Ebenso wie Eagle Talon und Kestrel weist das Modell Shrike einen Axtkopf mit dornartigem Rückteil auf, mit dem sich nicht nur Kevlar-Helme durchschlagen lassen, sondern auch Holz- und Autotüren. Der Griff ist aus einem im Spritzgussverfahren hergestellten „Super Tuff"-Nylon gefertigt. Dieses Verfahren erlaubt zum einen die elektrische Isolierung, und zum anderen lässt sich die Oberflächenstruktur besser bestimmen. Das Modell Shrike besitzt gegenüber den anderen RMJ-Äxten einen oval ausgeformten Griff, der die Hand satt und sicher ausfüllt. Der Käufer hat die Wahl zwischen einem schwarzen oder sandfarbenen Griff.

Johnson hat sich für den Griff eine Zusatzfunktion ausgedacht: Ähnlich wie bei einem Überlebensmesser mit Hohlgriff lässt er einen feinkörnigen Schleifstab im Griff verschwinden. Das Ende des Schraubeinsatzes hat er zusätzlich als Schlagkraftverstärker ausgeformt, um das Griffende zum Zertrümmern von Glasscheiben zu nutzen.

Um die Axt stets zugriffsbereit an der Ausrüstung tragen zu können, stattet RMJ Tactical das Modell Shrike ebenfalls mit einer Schnellziehscheide aus Kydex aus, die sich per Adapter an M.O.L.L.E-Tragesystemen befestigen lässt.

Der Schärfer ist integrativer Bestandteil der Axt. Er steckt im Griff.

Jede Axt trägt eine individuelle Kontrollnummer.

DATEN

Hersteller:	RMJ Tactical
Modell:	Shrike
Klingenstahl:	4041
Gesamtlänge:	394,0 mm
Gewicht (mit/ohne Scheide):	870/652 g
Griff:	ST801-Kunststoff
Scheide:	Kydex
Herstellungsland:	USA
Versorgungsnummer:	keine (privat beschafft)

Zur Ausstattung der Überlebenswesten der Piloten des U.S. Marine Corps gehört das Multifunktionswerkzeug SOG B60. Beim abgebildeten Marine handelt es sich um den Piloten einer zweisitzigen F/A-18D Hornet der Marine Fighter Attack Squadron (All Weather) 225 „Vikings.“ Über die Jahreswende 2007/2008 flog die Squadron ihre Einsätze vom Al-Asad-Luftwaffenstützpunkt im Westirak aus.

SOG POWER LOCK BLACK OXIDE

Alleskönner aus bewährtem Hause.

Häufig noch nützlicher als ein großes, feststehendes Militärmesser ist – zumindest im normalen Feld-Alltag – ein Multitool. Die amerikanische Firma SOG, die für ihre Militärmesser bekannt ist, hat auch bei der Herstellung von Multitools viel Erfahrung. Sie war nach Leatherman der zweite Hersteller, der eine klappbare Zange mit Zusatzwerkzeugen im Programm hatte.

Das PowerLock ist aus nicht besonders hartem, dafür stark rostträgem 1.4034-Stahl gefertigt. Die arretierbaren Werkzeugklingen sind nur zugänglich, wenn die Griffhälften geöffnet werden. Die Werkzeugschächte sind mit einer abnehmbaren und an den Kanten abgerundeten Abdeckung versehen. Die Werkzeuge sind unterschiedlich hoch gehärtet. Das PowerLock-Modell B60 ist mit einer Spitz- und einer unter dem Zangengelenk positionierten Quetschzange versehen. Zusätzlich ist das Tool mit einer teilweise mit Wellenschliff versehenen, hohl geschliffenen Klinge (52 HRC, 1,8 Millimeter Stärke) ausgestattet, dazu mit einer Metallfeile mit drei Hiebflächen sowie einer Holzsäge, einer Ahle, Schere, mehreren auf 54 HRC gehärteten Schraubendrehern (zwei Flachschlitz, ein Kreuzschlitz) und einer 1/4-Zoll-Werkzeugaufnahme, die Steckschlüssel- und Schraubendrehereinsätze sowie Bitadapter mit 1/4-Zoll-Innenvierkantantrieb aufnimmt.

Ein besonderes Merkmal vieler SOG-Tools ist das „Compound-Leverage"-System. Dabei erfolgt das Öffnen und Schließen der Zange über insgesamt vier Zahnkränze (zwei pro Griffhälfte), die Bestandteile des Griffs sind. Dadurch lässt sich der nötige Kraftaufwand um bis zu 50 Prozent reduzieren. Hat man nicht beide Hände frei, um die beiden Griffhälften auseinanderzuklappen und den Zangenkopf einsatzbereit zu machen, lässt sich die Zange mit ein wenig Schwung aus dem Handgelenk einhändig öffnen.

Das Power Lock ist schwarz oxidbeschichtet und lässt sich mit einem 1/4-Zoll-Außensechskantschlüssel komplett zerlegen. Da es alle Werkzeugklingen nachzukaufen gibt, kann man verschlissene Komponenten einfach ersetzen. Geliefert wird das Tool mit einem stabilen Gürteletui aus Rindleder. Alternativ sind auch Kunststoffetuis erhältlich, die mit einem Kunststoff-Clip ausgestattet sind.

Hauptklinge, Ahle, Schraubenzieher und Kapselheber.

Kreuzschraubenzieher, Dosenöffner und Säge.

DATEN

Hersteller:	SOG Specialty Knives & Tools, LCC
Modell:	PowerLock B60
Klingenlänge (Hauptklinge):	67,0 mm
Klingenstärke:	1,8 mm
Klingenstahl:	1.4034
Gesamtlänge:	119,0/179,0 mm
Gewicht (mit/ohne Scheide):	–/257 g
Griff:	1.4034
Scheide:	Leder
Alternativen:	unbeschichtet, mit C4-Dorn oder V-Cutter
Herstellungsland:	USA
Versorgungsnummer:	keine (privat beschafft)

S0529
SGT SOLIS
AIRBORNE

GLOSSAR: MESSER-FACHBEGRIFFE

ABS
Ein thermoplastischer Kunststoff mit hoher Schlag- und Hitzefestigkeit, spülmaschinenfest.

Aluminium 6061
Wird häufig auch als Flugzeug-Aluminium bezeichnet (ISO-Norm: AlMg1SiCu). Es besitzt eine sehr gute Korrosionsbeständigkeit. Bei Messergriffen wegen des geringen Gewichts und der relativ hohen Belastbarkeit bevorzugt.

Angel
Gleichbedeutend mit dem Begriff Erl (engl. Tang): die Verlängerung der Klinge, die in den Griff hineinreicht. Man unterscheidet Flach-Erl und Rund-Erl (auch Flachangel bzw. Spitzangel genannt). Beim ersten sind beidseitig Griffschalen aufgebracht, beim zweiten ist der Griff auf den Erl gesteckt und verschraubt oder vernietet bzw. verklebt. Hochwertige Messer besitzen in der Regel einen durchgehenden Erl (engl. Full Tang), der ganz durch den Griff hindurch reicht.

Arc-Lock
Arretierungssystem, von der Firma SOG entwickelt. Hier ist ein quer liegender Arretierungsbolzen an einem drehbaren Hebel gelagert.

Assisted Opener
Engl. Begriff für einen halbautomatischen Springmechanismus bei einem Klappmesser. Hier muss die Klinge zunächst manuell ein kleines Stück aus dem Griff bewegt werden, bevor eine Feder den Rest übernimmt und die Klinge in die ausgeklappte Endposition befördert. Solche halbautomatischen Messer (auch Semi-Automatik-Messer genannt) gelten in Deutschland nicht als Springmesser und unterliegen dementsprechend nicht den gesetzlichen Beschränkungen für Springmesser.

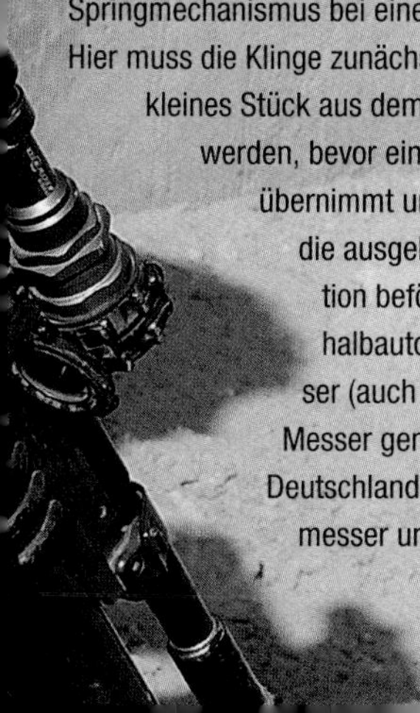

Automatikmesser
Gleichbedeutend mit Springmesser (siehe Stichwort).

Back-Lock
Auch Lock-Back. Der am weitesten verbreitete Arretierungsmechanismus bei Klappmessern. Ein mittig gelagerter Hebel im Klingenrücken greift mit einem hammerartigen Ende in die Klingenwurzel ein und hält sie fest. Der Hebel wird von einer darunter liegenden Blattfeder im hinteren Bereich angehoben, so dass er in die Aussparung der Klingenwurzel gedrückt wird. Zum Lösen muss man auf das hintere Ende des Hebels drücken und ihn dadurch vorn anheben. Es gibt Varianten mit kürzerem oder längerem Hebel. Das bekannteste Klappmesser mit Back-Lock-Arretierung ist das seit 1964 produzierte Buck Folding Hunter.

Brünieren
Darunter versteht man ein Verfahren zur Schwarzfärbung von überwiegend eisenhaltigen Werkstoffen wie Gusseisen, Schmiedeeisen, unlegierten oder legierten Stählen. Dazu werden die Gegenstände in hochkonzentrierte, siedende, alkalisch-oxydierende Salzlösungen eingetaucht, wodurch auf der Oberfläche tiefschwarze Eisenoxiduloxidschichten entstehen, deren Schwarzton von der Werkstoffqualität, der Oberflächenbearbeitung, sowie von Art und Zustand des Brünierbads abhängt. Man wendet das Verfahren an, um den Werkstücken ein ansprechendes Aussehen zu geben und ihre Korrosionsbeständigkeit zu erhöhen.

Clip
In der Regel ein Metallstreifen oder -bügel, der am Griff eines Klappmessers montiert ist. Mit dem Clip kann das Messer in die Hosentasche oder an einen Gürtel geklemmt werden. Zum ersten Mal wurde diese Lösung von der Firma Spyderco in Serie produziert. Es gibt auch Scheiden für feststehende Messer, die mit einem Clip ausgestattet sind.

Concealex
In Material und Eigenschaften wie Kydex (siehe Stichwort), wird vom Hersteller Cold Steel verwendet.

Cordura
Ein Gewebe aus Nylonfasern, das wie viele weitere Kunststoffe von der amerikanischen Firma DuPont stammt. Der Schmelzgrad liegt bei 210 Grad. Die Nylonfaser wird geschnitten, neu versponnen und dann verwebt. Dabei entsteht ein sehr reißfester, stark beanspruchbarer Stoff, der auch im Outdoor- und Motorradbereich gern verwendet wird.

Daumenstift
Auch Daumen-Pin genannt (engl. Thumbstud), Öffnungshilfe an der Klinge eines Klappmessers, um ein einhändiges Ausklappen mit dem Daumen zu ermöglichen, kann einseitig aber auch beidseitig – für Links- und Rechtshänder – angebracht sein.

Elastomer
Elastomere sind formfeste, aber elastisch verformbare Kunststoffe wie zum Beispiel Polyurethan. Die Gruppe der Elastomere zeichnet sich dadurch aus, dass sie sich bereits bei geringer Kraftwirkung dehnen und biegen lassen und ohne Krafteinwirkung wieder ihre ursprüngliche Form einnehmen. Sie sind Makromoleküle, die lediglich durch wenige chemische Vernetzungsbrücken miteinander verbunden sind.

Erl
siehe Angel

Falsche Schneide
Angeschliffener, aber nicht scharf ausgeschliffener Bereich auf dem Klingenrücken. Er beginnt in der Regel an der Spitze und reicht einige Zentimeter weit. Dadurch wird die Spitze feiner und die Klinge eignet sich besser zum Stechen. Eine gleichbedeutende, aber veraltete Solinger Bezeichnung lautet Schor. Die Begriffe „falsche Schneide“ und „Fehlschärfe“ (= Ricasso) werden oft verwechselt.

Fehlschärfe
siehe Ricasso

Fiber
„Vulkanfiber“, ein seit 1855 bekanntes Verbundmaterial auf Papierbasis (evtl. mit Baumwollanteil). Der Horn-artige Werkstoff wird unter anderem zur elektrischen Isolierung genutzt, früher auch für Knöpfe und Reisekoffer. Es wird in verschiedenen Farben für Zwischenlagen an Messergriffen verwendet.

Fixed
Kurzform für „Fixed Blade Knife“, Bezeichnung für ein Messer mit feststehender Klinge.

Flachangel
siehe Angel

Flipper
Engl. Begriff für einen Klingenfortsatz nahe der Klingenachse bei einem Klappmesser. Dieser Fortsatz ragt bei eingeklappter Klinge oben über den Griff hinaus und ermöglicht es, die Klinge mit dem Zeigefinger aus dem Griff zu „schnippen“. Bei ausgeklappter Klinge dient der Flipper als Handschutz. Erstmals eingesetzt vom amerikanischen Messermacher Kit Carson.

Folder
Kurzform von engl. „Folding Knife“, allgemeine Bezeichnung für ein Klappmesser.

Forprene
Ein gummiartiger, thermoplastischer Kunststoff mit Polymeranteilen, der von der Firma Extrema Ratio für Griffe verwendet wird.

Frame-Lock
Eine Variante des Liner-Lock-Mechanismus (siehe Stichwort). Hier ist der bewegliche Liner für die Klingenarretierung ein integraler Bestandteil des selbsttragenden Griffs, der aus Stahl oder Titan gefertigt ist. Bekannt gemacht wurde diese Variante vom Messermacher und Semi-Custom-Hersteller Chris Reeve (beim Messer-Modell Sebenza) unter der Bezeichnung Integral Lock.

Mit seinem Gerber A-F Combat Folder entfernt dieser Soldat ein Plakat, das neben dem Konterfei von Muqtada as-Sadr auch Aufforderungen zum gewalttätigen Vorgehen gegen die Koalitionstruppen und andere Glaubensgruppen im Irak enthält.

FRN
Die englische Abkürzung steht für Fiberglass Reinforced Nylon, also glasfaserverstärktes Nylon. Ein hartes Kunststoff-Verbundmaterial, das leicht und belastbar ist.

Full Tang
siehe Angel

G-10
Ein Kunststoff-Faserverbundmaterial, das vor allem bei Tactical Knives sehr beliebt ist, weil es als Griffmaterial anspruchslos und sehr belastbar ist. Es besteht aus Glasfasermatten, die mit Epoxidharz getränkt und anschließend unter Druck gebacken werden. Meist wird das Material danach sandgestrahlt, um die Oberfläche rau und griffig zu machen.

Handschutz
siehe Parierelement

Heft
Altmodischer, vor allem in Solingen gebräuchlicher Begriff für den Griff eines Messers.

Integral Lock
siehe Frame-Lock

Integralmesser
Bezeichnung für ein feststehendes Messer, bei dem Klinge, Erl und Parierelement (bzw. Backen) dreidimensional aus einem Stück gefertigt (gefräst oder geschmiedet) sind. Wenn vorn und hinten am Griff Backen vorhanden sind, spricht man von einem Vollintegralmesser, sind nur vorn Backen bzw. ein Parierelement vorhanden, von einem Halbintegralmesser.

Kalgard
Englische Firma, die auf Beschichtungen und Schmiermittel spezialisiert ist. Hersteller von Polymer-basierten Beschichtungen für Messerklingen.

Kevlar
Eine 1965 entwickelte organische Kunstfaser von Du Pont, bestehend aus aromatischen Polyamiden. Kevlar-Fasern zeichnen sich durch sehr hohe Festigkeit, hohe Schlagzähigkeit, hohe Bruchdehnung, gute Schwingungsdämpfung sowie Beständigkeit gegenüber Säuren und Laugen aus und sind darüber hinaus sehr hitze- und feuerbeständig. Kevlarfasern schmelzen bei hohen Temperaturen nicht, sondern beginnen ab etwa 400 °C zu verkohlen. Bekannt geworden ist Kevlar vor allem durch die Verwendung in schusssicheren Westen.

Kraton
Ein synthetischer Kautschuk aus Styrol-Ethylen/Butyl-Styrol. Sehr rutschfest, angenehm auch bei Kälte oder Nässe, was ihn zu einem bevorzugten Griffmaterial bei Jagd- und Outdoormessern macht.

Kydex
Ein harter Kunststoff, der aus einer Acryl/PVC-Legierung besteht. Durch Erwärmung kann das Material leicht in eine neue Form gebracht werden, die nach dem Erkalten bestehen bleibt. Kydex ist leicht, kratz- und stoßbeständig, flammhemmend, chemisch resistent und eignet sich hervorragend zum Messerscheidenbau.

Lanyard
Englischer Begriff für den Fangriemen (Sicherungsleine), der in der Regel am Ende des Messergriffs befestigt ist und das Messer gegen Verlust sichern soll.

LAWKS
„Lake And Walker Knife Safety“, ein technisches Merkmal der Firma CRKT. Hier wird bei einem Liner-Lock-Klappmesser der bewegliche Liner von einem drehbar gelagerten Hebel blockiert und die Klinge dadurch zusätzlich gesichert. Bei der Variante „Auto LAWKS“ erfolgt diese Sicherung automatisch, bei der ursprünglichen Version manuell.

Liner
siehe Platine

Liner-Lock
Ein Arretierungsmechanismus, der aus dem Bereich der handgefertigten Custom Knives stammt und vom US-Messermacher Michael Walker in seiner heutigen Form entwickelt wurde. Ein federnd beweglicher Teil der Platine (engl. Liner) springt seitlich nach innen hinter die Klingenwurzel und arretiert die Klinge dadurch in ausgeklappter Position. Zum Einklappen muss der Liner zur Seite geschoben werden, was in der Regel per Daumen erfolgt. Im eingeklappten Zustand wird die Klinge mit einem Detentball gesichert, einem kleinen Kügelchen, das in den Liner eingepresst ist und in eine passende Vertiefung in der Klingenwurzel einrastet.

Lock-Back
siehe Back-Lock

Micarta
Ein Verbundmaterial, bei dem ein saugfähiger Trägerstoff (Zellstoff, Leinen, Papier) in Epoxidharz getränkt wird. Ein sehr beliebtes Material zur Herstellung von Messergriffen, da es leicht zu bearbeiten ist und beliebig eingefärbt werden kann. Es wirkt hochwertiger als G-10 und findet eine breite Verwendung in allen Preisklassen.

M.O.L.L.E.
(sprich MOLLY, wie als weiblicher Name ausgesprochen) ist ein Akronym für „Modular Lightweight Load-carrying Equipment“. Es wird verwendet, um die aktuelle Generation der tragenden Ausrüstungselemente und Rucksäcke der United States Army zu beschreiben.

Open-Frame
Englisch für „offener Rahmen“. Der Griff eines Klappmessers ist hier wie ein Rahmen aufgebaut, der Rücken ist offen und nur durch Stifte/Schrauben miteinander verbunden. Das erleichtert die Reinigung des Messers.

Paracord
Handelsname einer reißfesten Nylonschnur,

die einen geflochtenen Mantel und eine durchgehende Seele aus mehreren Einzelsträngen (meist sieben) besitzt.

Parierelement
Quer zur Messer-Längsachse angebrachtes Element zwischen Klinge und Griff, das die Hand vor dem Abrutschen in die Klinge schützen soll, wird daher auch Handschutz genannt. Das Parierelement kann beidseitig oder nur nach unten ausgeprägt sein. Der Begriff stammt von Blankwaffen, bei denen das Parierelement (Parierstange) ursprünglich die Aufgabe hatte, gegnerische Klingen abzuwehren.

Perlgestrahlt
Gleichmäßig stumpfe, matte, leicht raue Oberflächen von Messerklingen und anderen Teilen entstehen durch Strahlen mit Glasperlen. Dabei werden winzige Kügelchen aus Glas oder einem ähnlich harten Material mit großem Luftdruck aus nächster Nähe auf das Werkstück geblasen. Das Perlstrahlen wird oft mit Sandstrahlen verwechselt, das jedoch eine gröbere Oberfläche hinterlässt. Durch das Perlstrahlen werden kleinere Kratzer und Ungenauigkeiten in der vorhergehenden Bearbeitung kaschiert, so dass dieses Verfahren vor allem bei preiswerteren Messern angewendet wird.

Platine
Metallrahmen bei einem Klappmesser. Zwei Platinen (engl. Liner) bilden in der Regel den tragenden Rahmen des Griffs, darauf werden Backen und Griffschalen aus verschiedenen Materialien angebracht. Die Platinen bestehen traditionell aus Messing oder Neusilber, bei modernen Konstruktionen aus rostfreiem Stahl, Aluminium oder Titan. In Solingen werden auch die Platinen eines Klappmessers „Erle" genannt, analog zu einem feststehenden Messer.

Pließten
siehe Satin-Finish

Ricasso
Nicht geschliffener Bereich an der Klinge zwischen Schneide und Griff bzw. Parierelement, zu Deutsch „Fehlschärfe".

Santoprene
Ein angenehm anzufassender, weicher Polyurethan-Kunststoff, der als Griffmaterial verwendet wird.

S.A.T.
„SOG Assisted Technology", Bezeichnung des Herstellers SOG für den hauseigenen halbautomatischen Öffnungsmechanismus.

Satin-Finish
Hochwertige Oberflächenbearbeitung, die an der Poliermaschine vorgenommen wird. Sie erscheint als gleichmäßige Struktur feinster Schleifspuren, die in der Regel quer zur Klingen-Längsachse verlaufen. Je nach Feinheit der Politur werden verschiedene Qualitätsstufen unterschieden. Die aufwändigste Methode ist das „Blaupließten", eine Solinger Spezialität, wobei der Begriff Pließten generell die Feinpolitur bezeichnet.

Schor
Gleichbedeutend mit „Falsche Schneide" (siehe Stichwort).

Secure-Ex
Bezeichnung der Firma Cold Steel für ein Kunststoffmaterial, das für Messerscheiden verwendet wird.

Springmesser
Ein Klappmesser, bei dem die Klinge auf Knopf- oder Hebeldruck aus dem Griff springt. Es gibt verschiedene Arten von Springmechanismen, die mit Spiralfedern oder Blattfedern arbeiten.

Tek-Lok
Produktname einer Haltevorrichtung (mit Klammer), mit der eine Messerscheide aus Kydex (siehe Stichwort) in mehreren Positionen am Gürtel oder der Ausrüstung befestigt werden kann.

Thermoplastischer Kunststoff
Darunter versteht man einen Kunststoff, der unter Temperatureinwirkung seine Konsistenz verändert und formbar wird.

Thermorun
Ein gummiartiger, thermoplastischer Kunststoff des Herstellers Mitsubishi Chemicals, der von den Firmen Cold Steel und Fällkniven für Griffe verwendet wird (das Material ist dem Werkstoff Kraton des Herstellers DuPont sehr ähnlich).

Tip-up / Tip-down
Zwei verschiedene Möglichkeiten, ein Klappmesser zu tragen – mit der Klingenspitze (engl. Tip) nach oben oder nach unten. Die Trageweise ist abhängig davon, wie der Befestigungsclip am Messer montiert ist. Bei vielen Messern lässt sich der Clip zu diesem Zweck umsetzen. Bei einer Tip-up-Trageweise ist besonders wichtig, dass die Klinge im eingeklappten Zustand sicher im Griff gehalten wird und nicht versehentlich heraussteht, sonst besteht große Verletzungsgefahr.

Titan
Ein leichtes, sehr widerstandsfähiges, vollkommen rostfreies, antimagnetisches und antiallergisches Material, das bei Messern vor allem als Werkstoff für Platinen und Backen zum Einsatz kommt, in Einzelfällen auch als Klingenmaterial. Für Backen und Griffe wird in der Regel Reintitan verwendet, für Platinen (vor allem bei Liner-Lock-Klappmessern) die federharte Titanlegierung 6Al4V. Titan ist bei ähnlicher Zugfestigkeit um etwa ein Drittel leichter als Stahl.

Zytel
Ein Handelsname der Firma DuPont für ein glasfaserverstärktes Nylonmaterial (eine Polyamidfaser). Zytel ist hitze- und kältefest, stoßbelastbar, schlagzäh und abriebfest. Es kann in der Produktion direkt auf die Angel gespritzt werden und ist daher in der Serienfertigung weit verbreitet.

HOOPS
RANGER

GRENADES
BATTLE OVERRIDE
MODE
UPPER
LOWER
RANGE
SPEED
ZELL

ADRESSEN

Alle Messermarken in alphabetischer Folge und die jeweiligen Anbieter in der Übersicht.

American Tomahawk: Modi's Knives and Gear
Benchmade: ACMA, Herbertz, Fachhandel
Cold Steel: Herbertz, Fachhandel
CRKT: Fachhandel (Schweiz: Klötzli)
Eickhorn-Solingen Ltd.: Eickhorn, Herbertz, Toolshop, Fachhandel
Extrema Ratio: Messer Barthel, Katachi-Art, Ninjutsu-Akademie, Wolfster
Gerber: Fulmatech, Herbertz, Fachhandel
IschMasch: Verkauf nur an Behörden
Ka-Bar: Herbertz, Fachhandel
Kershaw: Fachhandel, Kai, Linder, Messer Matheisen, Katachi-Art, Wolfster, Toolshop, Ninjutsu-Akad.
Lan-Cay: Verkauf nur an Behörden
Leatherman: S. Hintz, Herbertz, Fachhandel
Lile Knives: nicht mehr existent
Marto-Phrobis: nicht mehr existent
Mikov: Sbimex
MOD: Herbertz
M-Tech: Ninjutsu-Akademie, Wolfster (Schweiz: Klötzli)
Nemex: Herbertz, Toolshop, Wolfster, Ninjutsu-Akad., Katachi-Art, Fachhandel
Pohl Force: Pohl Force
Randall: Nohl
RMJ Tactical: nur Direktvertrieb USA
Smith & Wesson: Herbertz, Hebsacker, Rudolf Weber jr., Fachhandel
SOG: Fulmatech, Fachhandel
United Cutlery: Swords & More
Vox Knives: Vox Knives
XS Scuba: nur Direktvertrieb USA

BEZUGSQUELLEN/KONTAKTDATEN:

ACMA Reus
www.acma.de
Tel. 09367-981616

Eickhorn-Solingen Ltd.
www.original-eickhorn.de
Tel. 0212-66050

Extrema Ratio
www.extremaratioknivesdivision.eu
infodealers@extremaratio.com

Siegfried Hintz
www.s-hintz.de
Tel. 0611-18689-0

Fulmatech
www.fulmatech.de
0931-46584985

Hebsacker
www.stahlwarenhaus-hebsacker.de
Tel. 0791-84091

Herbertz
www-herbertz-messerclub.de
Tel. 0212-201061

Kai Europe
www.kai-europe.com
Tel. 0212-23238-0

Katachi Art & Bladeshop
www.katachi-art.de
Tel. 040-4601448

Klötzli
www.klotzli.com
Tel. +41-(0)34-4222378

Linder, Carl Nachf.
www.linder.de
Tel. 0212-330856

Messer Barthel
www.messer.barthel.cc
Tel. 02203-9803888

Messer Matheisen
www.messer-matheisen.de
Tel. 0221-2580494

Mikov
www.mikov.cz
Tel. +420-412-394102

Modi's Knives and Gear
www.modisknivesandgear.de
Tel. 02234-697181

Ninjutsu-Akademie
www.knifetom.net
Tel. 07131-772787 (15-17 h)

Nohl, Messerschmiede
www.nohl-giessen.de
Tel. 0641-970787

Pohl Force
www.pohlforce.de
Tel. 02174-8966735

Rudolf Weber jr.
www.weberknives.de
Tel. 0212-59213

Sbimex GmbH
www.sbimex.de
Tel. 0375-27213926

Swords & More
www.swords-and-more.de
Tel. 040-97071570

Toolshop
www.toolshop.de
Tel. 03303-2174848

Vox Knives
www.voxknives.com
Tel. +45-616-58664

Wolfster's Knife Shop
www.wolfster.de
Tel. 06073-742379

Foto: Sören Sünkler

Eine Kampfaxt des amerikanischen Messerschmieds Daniel Winkler, die von ihm für Marinespezialverbände entwickelt wurde. Daneben ein Pohl Force Alpha One Prototypen-Klappmesser mit Digitaltarnmusterdruck.

DANKSAGUNG

Für die Unterstützung bei der Erstellung dieses Buches bedanken sich die Autoren herzlich bei folgenden Personen und Firmen:

Personen

Bremer, Rod
Brüggendick, Dirk
Erber, Dan
Eickhorn, Jörg
Elishewitz, Allen
Fleitmann, Thomas
Grabosch-Pohl, Nicole
Held, Michael
Hoch, Michael
Hunt, Alicia
Idel, Carsten
Laible, Thomas
Lang, Oliver
Leckebusch, Tobias
Johnson, Ryan
M., Tobias
Milliken, Paul
Mück, Helmut
Nohl, Thomas
Prisco, Andy
Randall, Gary
Sänn, Jens
Schmitz, Wilhelm
Sünkler, Sören
Tigges, Jens
Voxknaes, Jesper
Weiler, Gernod
Wieland, Hans Joachim
Winkler, Daniel
Wydeau, Caroline
sowie den Mitgliedern des Tactical Forums (www.tacticalforum.de)

Unternehmen

Benchmade (www.benchmade.com)
C. Jul. Herbertz (www.herbertz-messerclub.de)
Columbia River Knives and Tool (www.crkt.com)
Fulmatech (www.fulmatech.de)
Gerber Knives (www.gerberstore.com)
Group H3 (www.grouph3.com)
Gurkha Imports (www. gurkha-imports.com)
Haller Stahlwarenhaus (www.haller-stahlwaren.de)
Ka-Bar Knives (www.ka-bar.com)
K-ISOM (www.k-isom.com)
Modis Knives and Gear (www.modisknivesandgear.com)
Outdoor Marketing International (www.outdoor-mi.com)
Randall Knives (www.randallknives.com)
RMJ Tactical (www.rmjtactical.com)
Sbimex (www.sbimex.de)
Venatus Verlag (www.venatus.de)
Vogt Schild Deutschland, Redaktion VISIER (www.visier.de)
Vox Knives (www.voxknives.com)
Waffentechnik Borkott & Eickhorn (www.waffentechnik-solingen.de)
The Original Eickhorn-Solingen Co. Ltd. (www.original-eickhorn.de)

ÜBER DIE AUTOREN

Dietmar Pohl

Der 1966 in Leverkusen geborene Dietmar Pohl steht für 25 Jahre passioniertes Sammeln von Messern. Über 60 verschiedene Messermodelle wurden nach seinem Design gefertigt. Dazu kommen drei Bücher zum Thema Messer, die in mehrere Sprachen übersetzt wurden und zahlreiche Artikel in verschiedenen Fachzeitschriften. Dietmar Pohl war 14 Jahre lang in einer leitenden Position in der Solinger Messerindustrie tätig.

Die Leidenschaft zum Thema Messer beeinflusst Dietmar Pohl schon fast sein ganzes Leben lang. Als Hobby hat alles begonnen: Nach dem Studium der Wirtschaftswissenschaften wurde das Hobby Messer ab 1994 mit dem Einstieg als Marketingleiter, Designer und Produktmanager in der Solinger Messerindustrie zum Beruf. Mit Engagement, Kompetenz, umfangreichem Fachwissen und Gespür für Trends, Formen, Technik und Materialien setzt er seine Ideen und Entwürfe um. Der besondere Schwerpunkt liegt im Bereich von modernen EDC-Messern sowie taktischen Messern für Militär und Polizei.

Dietmar Pohl selbst war nie Angehöriger eines militärischen oder polizeilichen Spezialverbandes. Sein fundiertes Fachwissen basiert auf persönlichen Kontakten, Gesprächen und vertrauensvollem Erfahrungsaustausch mit Angehörigen der GSG9, SEK, Kampfschwimmer, Fernspäher, KSK, Fallschirmjäger, SWAT, Marines Force Recon, London MET Police und anderen Einheiten und Behörden. Er nutzt jede Möglichkeit zum Mitmachen, um auch seine praktischen Erkenntnisse zu erweitern: Bundeswehr-Wehrübungen für zivile Führungskräfte bei Luftwaffe und Heer, SWAT-Lehrgang in Sterling, Virginia, Bajonett- und Messerkampftraining bei den U.S. Marines Force Recon in Camp Pendleton, San Diego und mehr.

Seit Dezember 2008 realisiert er seine Messerentwürfe unter seinem eigenen Namen. Mit der Firma POHL FORCE (www.pohlforce.de) kann er seine Ideen zu 100 Prozent umsetzen und auf jedes Detail achten, ohne dabei auf vorgegebene Einschränkungen Rücksicht nehmen zu müssen.

Carl Schulze

Der in Fachkreisen weithin bekannte, auf militärische Themen spezialisierte Fotojournalist Carl Schulze wurde 1968 in Springe bei Hannover geboren. Bereits in jungen Jahren interessierte er sich für militärische Themen. Aufgewachsen in der Zeit des kalten Krieges verbrachte er als Teenager seine Freizeit damit, die letzten in den achtziger Jahren durchgeführten NATO-Großübungen zu fotografieren.

Zwischen 1986 und 1994 diente Carl dann selbst als Soldat bei der Bundeswehr. Unter anderem war er einige Jahre in Munster stationiert, wo er als Ausbilder in der allgemeinen Grundausbildung tätig war. Anfang der neunziger Jahre begann er damit, seine Bilder in militärischen Fachzeitschriften zu veröffentlichen, sein erster Artikel erschien im Spätsommer 1990. Seit damals hat Carl Schulze Hunderte von Artikeln bei Fachzeitschriften im In- und Ausland veröffentlicht, unter anderem bei Y, dem offiziellen Magazin der Bundeswehr, Combat & Survival, RAIDS, Assault, Special Ops Magazine, Schweizer Soldat, Deutsches Waffenjournal, Visier, Kommando International Special Operations Magazine und Assault Journal.

Seit dem Ende seiner Dienstzeit bei der Bundeswehr arbeitet Carl Schulze hauptberuflich als Fotojournalist. Er bereist regelmäßig die Krisen- und Kriegsgebiete dieser Welt. Bis 1998 berichtete er immer wieder über den Einsatz der UNPROFOR-, IFOR- und SFOR-Truppen in Bosnien-Herzegowina. Im Juni 1999 marschierte die NATO im Kosovo ein, wenige Tage nach dem Einmarsch folgte Carl Schulze, um über die Truppen zu berichten, die sich am KFOR-Einsatz beteiligten.

Seit 2002 begleitet Carl Schulze regelmäßig die U.S.- und ISAF-Truppen in Afghanistan. Er berichtet seit 2003 auch aus dem Irak. Bis 2009 hat Carl das von Krisen und inneren Unruhen zerrissene Land zehnmal bereist und dabei als „Embedded Journalist" über die Einsätze von Einheiten der U.S. Army, des U.S.M.C. und britischer Truppen berichtet. Auch in seiner Freizeit beschäftigt sich Carl mit militärischen Themen. Zu seinen Hobbys gehören Militärgeschichte und Reenactment.

Bis heute hat er zahlreiche Bildbände zu den verschiedensten militärischen Themen veröffentlicht, zum Beispiel zu IFOR, dem Schützenpanzer Warrior, dem Mannschaftstransportwagen M113, den deutschen Fallschirmjägern, der AMF(L), der KFOR, dem Radschützenpanzer Stryker IAV, Gun Trucks im Irak, der 1st (U.S.) Cavalry Division im Irak, der HEMTT Lkw-Familie, dem Land Rover 110 Defender, der 24 Airmobile Brigade und dem Bv 206 Husky.

Dietmar Pohl und Jim Wagner

KAMPFMESSER • MESSERKAMPF

• Messermodelle • Tragesysteme • Kampftechniken
Alles über Selbstverteidigungsmesser

208 Seiten, rund 350 Abbildungen,
Format 195 x 240 mm, Hardcover
ISBN 978-3-938711-07-1

€ 39,8

Der bekannte Messerexperte und -designer Dietmar Pohl und der amerikanische Nahkampftrainer Jim Wagner liefern eine umfassende Übersicht zum Thema Selbstverteidigungsmesser: Geschichte, Technologie, Praxis und Kampftechnik. Dietmar Pohl schildert die historische Entwicklung moderner Selbstverteidigungsmesser, beschreibt die verschiedenen technischen Systeme, Designs und Materialien und beschäftigt sich ausgiebig mit den unterschiedlichen Möglichkeiten, ein SV-Messer bei sich zu tragen. Die wichtigsten Kamp[…] messer und Messerkämpfe in Hollywood-Filme[…] runden die Ausführungen ab.
Jim Wagner, erfahrener Trainer von Polizei- u[…] Militäreinheiten wie der deutschen GSG-9, erlä[…] tert die Grundsätze seines realitätsbasierten Tra[…] ningssystems und die wichtigsten Grundlage[…] des Messereinsatzes. Zahlreiche Kampftechnike[…] werden in Wort und Bild ausführlich beschri[…] ben.

Gurkha Imports

Handgefertigte Khukuris von
den erfahrensten Schmieden Nepal's

Seit **2004**

Michael Held
Darmstädter Strasse 50
64846 Groß-Zimmern

06071 / 7 15 88
michael.held@gurkha-imports.com
http://www.gurkha-imports.com

Jim Wagner

MESSERKAMPF

Realitätsbasiertes Überlebenstraining für
Polizeibeamte, Soldaten und Zivilpersone[…]

144 Seiten,
173 Abbildungen,
Format 160 x 230 mm, broschiert,
ISBN 978-3-938711-16-3

€ 24,8

Wie man sich gegen einen Messer-Angriff verteidigt, und wie man selbst ein Messer zur Verteidigung einsetzen kann, wird in diesem neuen Buch ausführlich dargestellt. Neben der Theorie und den Techniken des Messerkampfs geht der amerikanische Nahkampfausbilder auch auf die psychologischen und physiologischen Aspekte ein. Er gibt eine präzise A[…] leitung dafür, wie das Messerkam[…] Training aufgebaut sein muss. A[…] Techniken und Trainingssequenz[…] sind mit großformatigen Fotos ill[…] triert. Zahlreiche Beispiele aus Wa[…] ners langjähriger Erfahrung rund[…] das umfassend bebilderte Buch ab[…]

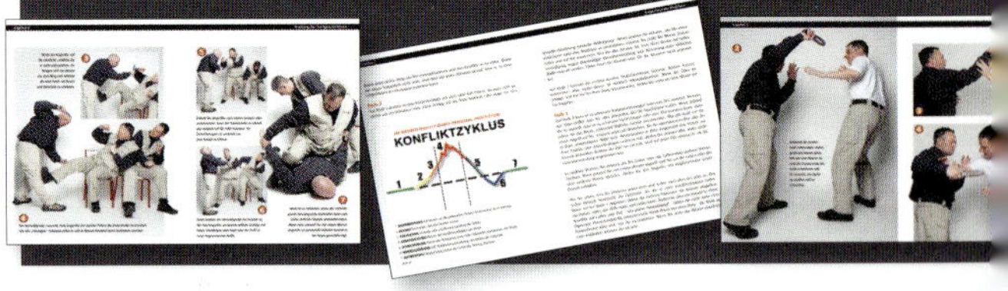